高职高专"十二五"规划教材

移动通信终端设备
检测与维修

韩俊玲　刘成刚　主　编
常书惠　郭振慧　副主编

U0345486

化学工业出版社

·北京·

本书结合当前手机检测与维修岗位的需求，按照手机维修岗位的培养要求，以具体的手机检测与维修的任务为教学案例，介绍手机的拆装技能、元器件认识与焊接、识图技巧、检测技术、故障分析与维修技能等。本书本着"强化能力，立足应用"的原则，以"必需、够用"为度，注重实用性，将手机技术与维修实践相结合，注重实训内容的操作性，将多项维修技能以实训的方式体现出来增强学生的实操技能。

本书可以作为高职院校通信技术、应用电子等专业的教材或参考书，也可供手机维修行业相关专业人员参考。

图书在版编目（CIP）数据

移动通信终端设备检测与维修/韩俊玲，刘成刚主编．—北京：化学工业出版社，2014.12

高职高专"十二五"规划教材

ISBN 978-7-122-22209-1

Ⅰ.①移…　Ⅱ.①韩…②刘…　Ⅲ.①移动电话机-维修-高等职业教育-教材　Ⅳ.①TN929.53

中国版本图书馆CIP数据核字（2014）第252367号

责任编辑：廉　静　　　　　　　　　　　　　　装帧设计：王晓宇
责任校对：王　静

出版发行：化学工业出版社（北京市东城区青年湖南街13号　邮政编码100011）
印　　装：大厂聚鑫印刷有限责任公司
787mm×1092mm　1/16　印张9　字数221千字　2015年1月北京第1版第1次印刷

购书咨询：010-64518888（传真：010-64519686）　售后服务：010-64518899
网　　址：http://www.cip.com.cn
凡购买本书，如有缺损质量问题，本社销售中心负责调换。

定　　价：25.00元

前　言

随着我国通信技术的发展，手机已经进入寻常百姓家，社会需要大量的组装与维修维护人员。本书从手机的拆装、元器件识别入手，逐步深入到电路原理，从焊接工艺到电路硬件故障的排除，摒弃了复杂的原理分析，达到学以致用的目的。

本书的特点是：以企业手机测试维修岗位工作工程为依据确定本教材的教学内容，本教材以项目为载体，项目选取符合手机维修员工作逻辑，能形成体系，让学生在完成项目的过程中逐步提高职业能力。课程的项目与项目之间由浅入深、循序渐进；项目从简单到复杂；并按任务的递进和流程关系确定各个任务模块之间的关系，以项目任务模块为单元来展开课程内容和教学要求，教学活动以工作项目任务为载体，强调理论与实践相结合，按活动项目组织教学，在完成项目任务过程培养学生的职业能力，满足学生就业和职业发展的需要。

本书编者与企业一线工作人员以及毕业生一起共同分析岗位职业能力与工作过程，课程内容面向企业的实际工作任务，体现职业性。

本书为济南职业学院 2013 年教学改革项目，是应用电子技术专业的主干专业课程，学院对本书的编写提供了很大的帮助，为便于读者的学习，我们将与本书对应的 PPT 课件等资料放在济南职业学院《移动通信终端设备检测与维修》项目化课程网站上，以便读者下载。

本书由济南职业学院韩俊玲、刘成刚任主编，济南职业学院常书惠、郭振慧任副主编，济南职业学院孟皎参与了编写，青岛海信集团康存勇参与了本书的策划及主审工作。在编写的过程中，我们参考了其他作者的资料和手机生产厂家的资料，在此一并表示感谢。

本书可以作为高职院校通信技术、应用电子等专业的教材或参考书，也可供手机维修行业相关专业人员参考。

由于电子信息技术发展迅速，手机产品更新换代很快，虽然我们做了很多努力，但由于手机资料搜集困难，编者学识水平和教学经验有限，难免有疏漏和不足之处，恳请读者批评指正。

编　者
2014 年 8 月

前　言

目录 CONTENTS

项目一　移动通信基础知识

■ 知识目标

① 了解移动通信的发展历程、特点及工作方式；
② 熟悉移动通信的网络结构。

■ 能力目标

① 掌握移动通信的组网技术；
② 掌握移动通信的多址技术；
③ 掌握移动通信的纠错编码技术；
④ 掌握移动通信的越区切换技术。

任务一　移动通信发展简述

　　移动通信是指通信双方至少有一方在移动中（或者临时停留在某一非预定的位置上）进行信息传输和交换，包括移动体（车辆、船舶、飞机或行人）和移动体之间的通信，移动体和固定点（固定无线电台或有线用户）之间的通信。

　　移动通信技术是一门融合了当代微电子技术、计算机技术、无线通信技术、有线通信技术以及交换和网络技术的综合性技术。近年来，大规模集成电路、微处理器、声表面波器件以及数字信号处理、程控交换技术的进步，使移动通信技术越来越完善。

一、移动通信的发展历程

1. 第一代移动通信系统（1G）

　　第一代移动通信系统（1G）是以模拟蜂窝为主要特征的模拟蜂窝移动通信系统。20世纪70年代至80年代，随着集成电路技术、微型计算机和微处理器的发展，以及由美国贝尔实验室推出的蜂窝系统的概念和理论的应用，美国和日本等国家纷纷研制出陆地移动电话系统，具有代表性的有美国的AMPS系统、英国的TACS系统、北欧的NMT系统、德国的C系统以及日本的HCMTS和NTT系统等。这个时期系统的主要技术是模拟调频（FM）和频分多址（FDMA），使用的频段为800/900MHz（早期曾使用450MHz），称为第一代移动通信系统。这一阶段是使移动通信系统不断完善和成熟的阶段，进入20世纪80年代后，许多无线系统已经在全世界范围内发展起来，寻呼系统和无绳电话系统不断扩大服务范围，很多相应的标准应运而生。

　　1G系统的主要缺点是频谱利用率低，系统容量有限，抗干扰能力差，业务质量比有线电话差，而且当时国际标准化落后，有多种系统标准，跨国漫游很难，不能发送数字信息，

1

不能与综合业务数字网（ISDN）兼容等。

2. 第二代移动通信系统（2G）

第二代移动通信系统（2G）是以数字化为特征的数字蜂窝移动通信系统。20世纪80年代至90年代，随着数字技术的发展，通信、信息领域的很多方面都面临着向数字化、综合化、宽带化方向发展的问题。第二代移动通信系统以数字传输（低比特率语音编码，采用GMSK/QPSK数字调制技术以及自适应均衡技术）、时分多址和码分多址为主体技术，主要业务包括电话和数据等窄带综合数字业务，可与窄带综合业务数字网（N-ISDN）相兼容。

时分多址（TDMA）体制主要有三种：欧洲的全球移动通信系统（GSM）、美国的数模兼容系统（D-AMPS，又称ADC）和日本的PDC（或称JDC）。码分多址（CDMA）体制主要指美国的CDMA标准IS-95，又称CDMAOne。

2G系统的主要缺点是系统带宽有限，限制了数据业务的发展，也无法实现移动多媒体业务，而且由于各国的标准不统一，无法实现各种体制之间的全球漫游。

3. 从2G向3G发展进程

随着移动用户数量的急剧增加，在世界一些发达地区已经出现了频率资源紧张、系统容量饱和的局面。移动通信所赖以生存的无线电频率是一种宝贵的资源，频谱资源是有限的，但随着移动通信的飞速发展，用户数量的急剧增加，有限的资源被"无限"地利用，矛盾越来越尖锐。而3G由于采用了CDMA技术，相对于2G来说可以提供更大的系统容量，有效缓解急剧增长的用户数量和有限的频率资源之间的矛盾。从这个角度分析，2G的无线技术必将被3G所取代。

随着社会生产力的发展，人类已经逐渐步入信息化社会，人们对于移动通信也提出了越来越高的要求，信息技术的发展和用户的多样化、个性化需求要求移动通信系统提供更丰富、更个性化的业务，如图像、话音与数据相结合的多媒体业务和高速数据业务，但2G系统主要为用户提供话音业务和低速数据业务，QoS能力有限，无法满足用户多媒体、电子商务、移动上网等多种新兴通信的要求。而3G能够达到高速车载环境下384kbit/s、低速或静止状态下2Mbit/s及以上的速率，因此可提供多样化、个性化业务，并向多媒体化、智能化、分组化方向发展。

4. 第三代移动通信系统（3G）

第三代移动通信系统（3G）以多媒体业务为主要特征。20世纪90年代中期，随着社会经济的发展以及信息的个人化、业务的多样化和综合化，移动通信的第三代系统进入了研制阶段。国际电联（ITU）提出第三代移动通信系统的目的是克服第二代系统因技术局限而无法提供宽带移动通信业务的缺陷。IMT-2000的目标是全球统一频段、统一标准，全球无缝覆盖；实现高服务质量、高保密性能、高频谱效率；提供从低速率的语音到高达2Mbit/s的多媒体业务。

3G标准的局限性主要是IMT-2000中最关键的无线传输技术（RTT）以及核心网制式均未统一，因此很难达到原IMT-2000全球通用的标准。此外，3G系统带宽对宽带多媒体业务的传输而言仍然不够宽，不适应互联网发展的要求，因此世界各国已经开始了后3G（4G）的研究计划。

二、移动通信的特点

与其他通信方式相比较，移动通信有以下几方面的特点。

1. 移动通信的电波传播环境恶劣

移动台处在快速运动中，多径传播会造成瑞利衰落（又称快衰落），接收场强的振幅和相位会快速变化。移动台还经常处于建筑物与障碍物之间，局部场强中值随地形环境而变动，气象条件的变化同样会使场强中值随时间变动，这将导致接收信号的阴影衰落（又称慢衰落）。另外，多径传播产生的多径时延扩展，等效为移动信道传输特性的畸变，对数字移动通信影响较大。

2. 多普勒频移会产生附加调制

由于移动台处于运动状态中，因此接收信号有附加频率变化，即多普勒频移 f_D。f_D 与移动体的移动速度有关。若电波方向与移动方向之间的夹角为 θ，则有

$$f_D = \frac{v}{\lambda}\cos\theta$$

式中，v 为移动台的运动速度；λ 为波长。运动方向面向基站时，f_D 为正值；反之，f_D 为负值。当运动速度较高时，多普勒频移的影响必须考虑，而且工作频率越高，频移越大。

多普勒频移产生的附加调频或寄生调相均为随机变量，对信号会产生干扰，在高速移动的电话系统中，多普勒频移影响 300Hz 左右的语音，足以产生令人不适的失真；多普勒频移对低速数字信号的传输不利，对高速数字信号的传输则影响不大。一般在地面接收设备中采用锁相技术，以防止多普勒效应。

3. 移动通信受干扰和噪声的影响

移动通信网是多频道、多电台同时工作的通信系统，当移动台工作时，往往受到来自其他电台的干扰。同时，还可能受到天电干扰、工业干扰和各种噪声的影响。

基站通常有多部收发信机同时工作，服务区内的移动台分布不均匀，且位置随时在变化，干扰信号的场强可能比有用信号高几十分贝（如 70～80dB）。通常将近处无用信号压制远处有用信号的现象称为远近效应，这是移动通信系统中的一种特殊干扰。

在多频道工作的网络中，由于收发信机的频率稳定度、准确度以及采用的调制方式等因素，使相邻或邻近频道的能量部分地落入本频道而产生邻道干扰。在组网过程中，为提高频率利用率，在相隔一定距离后，要重复使用相同的频率，这种同频道再用技术将带来同频干扰，同频干扰是决定同频道再用距离的主要因素。移动通信系统中，还存在互调干扰问题，当两个或多个不同频率的信号同时进入非线性器件时，器件的非线性作用将产生许多谐波和组合频率分量，其中与所需频率相同或相近的组合频率分量会顺利地通过接收机而形成干扰。鉴于上述各种干扰的存在，在设计移动通信系统时，对于不同形式的干扰，应采取相应的抗干扰措施。

移动信道中噪声的来源是多方面的，有大气噪声、太阳噪声、银河系噪声以及人为噪声。在 30～1000MHz 的频率范围内，大气噪声、太阳噪声等都很小，可忽略，主要考虑的是人为噪声（各种电气装置中的电流或电压发生急剧变化而形成的电磁辐射）。移动信道中，人为噪声主要是车辆的点火噪声，其大小不仅与频率有关，而且与交通流量有关，交通流量越大，噪声电平越高。

4. 频谱资源紧缺

在移动通信中，用户数与可利用的频道数之间的矛盾特别突出。为此，除开发新频段外，应该采用频带利用率高的调制技术。例如采用各种窄带调制技术，以缩小频道间隔；在

空间域上采用频率复用技术；在时间域上采用多信道共用技术等。频率拥挤是影响移动通信发展的主要因素之一。

5. 建网技术复杂

移动台可以在整个移动通信服务区域内自由运动，为实现通信，交换中心必须知道移动台的位置，为此，需采用"位置登记"技术；移动台从一个蜂窝小区驶入另一个小区时，需进行频道切换（也称越区切换）；移动台从一个蜂窝网业务区移入另一个蜂窝网业务区时，被访蜂窝网也能为外来用户提供服务，这种过程称为漫游。移动通信网为满足这些要求，必须具有很强的控制功能，如通信的建立和拆除，频道的控制和分配，用户的登记和定位，以及越区切换和漫游控制等。

三、移动通信的工作方式

1. 单工制（同频单工）

单工制是指通信双方使用相同的工作频率的按键通信方式。通信双方设备交替进行接收和发射，即发射时不能接收，接收时不能发射。

单工制的优点是：①移动台之间可直接通话，不需基站转接；②收、发使用同一频率，不需要天线共用装置；③由于收、发信机是交替工作的，发信机工作时间相对较短，耗电较少，设备简单，造价便宜。

单工制存在以下缺点：①由于收、发信机使用同一个频率，当附近有邻近频率的电台工作时，就会造成强干扰，要避开强干扰的信道频率，就要允许工作信道的频率间隔较宽；②当有两个移动台同时发射时，会出现同频干扰；③操作不方便。

2. 半双工制（异频单工）

半双工制是指收、发信机分别用两个不同频率的按键通话的方式。这种方式的移动台不需要天线共用装置，适合电池容量比较小的设备，基站和移动台分别使用两个频率，基站是双工通话，而移动台是按键发话，因此称为"半双工"。

与单工制相比较，半双工制的优点是：①受邻近电台干扰少；②有利于解决紧急呼叫问题；③可使基站载频常发，移动台就经常处于杂音被抑制状态，不需要静噪调整。

半双工制的缺点是也存在按键操作不便的问题。

一般专用移动通信系统（如调度、集群系统）采用此方式。

3. 全双工制

全双工制是指通信双方收、发信机同时工作，任一方发话的同时，也能收到对方的语音，无需 PTT 按键。一般公用移动通信系统采用这种方式。全双工制有频分双工（FDD）和时分双工（TDD）两种形式。

（1）频分双工（FDD）

频分双工是指上行链路（移动台到基站）和下行链路（基站到移动台）采用两个分开的频率（有一定频率间隔要求）工作。此时发射机和接收机能同时工作，能进行不需按键控制的双向对讲，移动台需要天线共用装置。

频分双工方式的优点是：①由于发送频带和接收频带有一定的间隔（如 45MHz），因此可以大大提高抗干扰能力；②使用方便，不需控制收发的操作，特别适用于无线电话系统使用，便于与公众电话网接口；③适合于多频道同时工作的系统；④适合于宏小区、较大功率、高速移动覆盖。

频分双工方式的缺点是移动台不能互相直接通话，而要通过基站转接。另外，由于发射机处于连续发射状态，因此电源耗电量大。

（2）时分双工（TDD）

时分双工是一种上行链路和下行链路通过使用不同的时隙来区分的在相同频率上工作的双工方式，该模式是工作在非对称频带上的，物理信道上的时隙分为发射和接收两个部分，通信双方的信息是交替发送的。例如，基站和移动台分别在各自控制器的控制下，以 1ms 发信、1ms 收信的方式进行通话，占据一个频道，提高了频谱利用率，但是其技术也比较复杂。TDD 模式工作于非对称时段；适合微小区、低功率、慢速移动覆盖；上、下行空间传输特性接近，较适合采用空分多址 SDMA（智能天线）技术。

可见，FDD 和 TDD 分别适合于不同的应用场合。如果混合采用 FDD 和 TDD 两种模式，就可以保证在不同的环境下更有效地利用有限的频率。

任务二　移动通信网络结构

GSM 蜂窝系统的网络结构如图 1-1 所示。由图可见，GSM 蜂窝系统的主要组成部分可分为移动台、基站子系统和网络子系统。

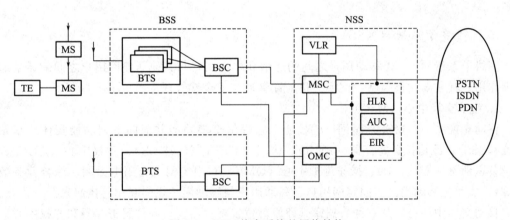

图 1-1　GSM 蜂窝系统的网络结构

一、移动台（MS）

移动台类型可分为车载台和手机，是移动通信网中用户使用的设备。移动台通过无线接口接入 GSM 系统，具有无线传输与处理功能。此外，移动台必须提供与使用者之间的接口，比如，为完成通话呼叫所需要的话筒、扬声器、显示屏和各种按键；或者提供与其他一些终端设备（TE）之间的接口，如与个人计算机之间的接口。

移动台的另外一个重要组成部分是用户识别模块（SIM），也称 SIM 卡。它包含与用户有关的无线接口的信息，也包含鉴权和加密的信息。使用 GSM 标准的移动台都需要插入 SIM 卡，只有当处理异常的紧急呼叫时，才可以在不用 SIM 卡的情况下操作移动台。SIM 卡的应用使一部移动台可以为不同用户服务，因为 GSM 系统是通过 SIM 卡来识别移动用户的。

二、基站子系统（BSS）

基站子系统是 GSM 系统的基本组成部分。它通过无线接口与移动台相接，进行无线发送、接收及无线资源管理。另一方面，基站子系统与网络子系统（NSS）中的移动交换中心（MSC）相连接，实现移动用户与固定网络用户之间或移动用户之间的通信连接。

基站子系统主要由基站收发信机（BTS）和基站控制器（BSC）构成。基站收发信机、天线共用器和天线是基站子系统的无线部分，它由基站控制器实施控制。

1. 基站控制器（BSC）

BSC 具有对一个甚至数十个 BTS 进行控制的功能，它主要负责无线网络资源的管理、小区配置数据管理、功率控制、定位和切换等，是一个很强的业务控制点。

2. 基站收发信机（BTS）

BTS 是无线接口设备，完全由 BSC 控制，主要负责无线传输，完成无线与有线的转换、无线分集、无线信道加密、跳频等功能。

BTS 可以直接与 BSC 相连接，也可以通过基站接口设备（BIE）采用远端控制的连接方式与 BSC 相连接。此外，基站子系统为了适应无线与有线系统使用不同传输速率进行传输，在 BSC 与 MSC 之间增加了码变换器（TC）（语音速率转换设备）及相应的子复用设备。

三、网络子系统（NSS）

网络子系统对 GSM 移动用户之间的通信和移动用户与其他通信网用户之间的通信起着管理作用。其主要功能包括：交换、移动性管理与安全性管理等。

1. 移动交换中心（MSC）

移动交换中心（MSC）是网络的核心，它提供交换功能并面向下列功能实体：基站子系统（BSS）、原籍位置寄存器（HLR）、访问位置寄存器（VLR）、鉴权中心（AUC）、移动设备识别寄存器（EIR）、操作维护中心（OMC）和固定网（公用电话网、综合业务数字网等），从而把移动用户与固定网用户、移动用户与移动用户之间互相连接起来。

移动交换中心可以从三种数据库（即原籍位置寄存器、访问位置寄存器和鉴权中心）获取有关处理用户位置登记和呼叫请求所需的全部数据。作为网络的核心，MSC 还支持位置登记和更新、过境切换和漫游服务等功能。

对于容量比较大的移动通信网，一个网络子系统可包括若干个 MSC、VLR 和 HLR。为了建立固定网用户与 GSM 移动用户之间的呼叫，固定用户呼叫首先被接到入口移动交换中心，称为 GMSC，由它负责获取移动用户的位置信息，且把呼叫转接到可向该移动用户提供即时服务的 MSC，该 MSC 称为被访 MSC（VMSC）。

2. 原籍位置寄存器

原籍位置寄存器简称 HLR。它可以看作是 GSM 系统的中央数据库，存储该 HLR 管辖区的所有移动用户的有关数据。其中，静态数据有移动用户号码、访问能力、用户类别和补充业务等。此外，HLR 还暂存移动用户漫游时的有关动态信息数据。

3. 访问位置寄存器

访问位置寄存器简称 VLR。它存储进入其控制区域内来访移动用户的有关数据，这些数据是从该移动用户的原籍位置寄存器获取并进行暂存的，一旦移动用户离开该 VLR 的控制区域，则临时存储的该移动用户的数据就会被删除。因此，VLR 可看作是一个动态用户的数据库。

4. 鉴权中心（AUC）

GSM 系统采取了特别的通信安全措施，包括对移动用户鉴权，对无线链路上的话音、数据和信令信息进行保密等。鉴权中心存储着鉴权信息和加密密钥，用来防止无权用户接入系统和保证无线通信安全。

5. 移动设备识别寄存器（EIR）

移动设备识别寄存器存储着移动设备的国际移动设备识别码（IMEI），通过核查白色、黑色和灰色三种清单，运营部门就可判断出移动设备是属于准许使用的，还是失窃而不准使用的，还是由于技术故障或误操作而危及网络正常运行的 MS 设备，以确保网络内所使用的移动设备的惟一性和安全性。

6. 操作维护中心（OMC）

网络操作维护中心负责对全网进行监控与操作。例如系统的自检、报警与备用设备的激活，系统的故障诊断与处理，话务量的统计和计费数据的记录与传递，以及与网络参数有关的各种参数的收集、分析与显示等。

在实际的 GSM 通信网络中，由于网络规模、运营环境和设备生产厂家的不同，上述各个部分可以有不同的配置方法。比如，把 MSC 和 VLR 合并在一起，或者把 HLR、AUC 和 EIR 合并为一个实体。

任务三　蜂窝组网技术

一、大区制移动通信网

大区制是指一个基站覆盖一个较大的服务区。为了增大基站的服务区域，天线需要架设得较高，发射功率很大（一般为 50～200W），大区制覆盖半径为 30～50km。这种系统的主要矛盾是它同时能提供给用户使用的信道数极为有限，远远满足不了移动通信业务迅速增长的需要。例如，在 20 世纪 70 年代于美国纽约开通的 IMTS（Improved Mobile Telephone Service）系统，仅能提供 12 对信道。也就是说，网中只允许 12 对用户同时通话，倘若同时出现第 13 对用户要求通话，就会发生阻塞。

大区制的优点是系统组成简单、投资少、见效快。大区制适用于小容量的通信网，可用于中小城市、工矿以及专业部门。

二、小区制蜂窝移动通信网络

1. 蜂窝网的由来

当用户数很多时，话务量相应增大，需要提供很多频道才能满足通话需要。为了增大服务面积，将一个移动通信服务区划分成许多小区（Cell），每个小区设立基站，与用户移动台之间建立通信，小区的覆盖半径较小，可从几百米至几十千米。如果基站采用全向天线，覆盖区实际上是一个圆，但从理论上说，圆形小区邻接会出现多重覆盖或无覆盖。在进行服务区设计时，能有效覆盖整个平面区域的实际上是圆的内接规则多边形，这样的规则多边形有正三角形、正方形、正六边形三种，如图 1-2 所示。

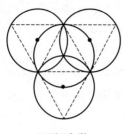

(a) 正三角形

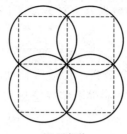

(b) 正方形

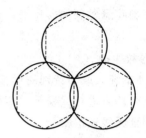

(c) 正六边形

图 1-2　小区的形状

对这三种图形进行比较可知，正六边形小区的中心距离最大，覆盖面积也最大，重叠区面积最小，即对于同样大小的服务区域，采用正六边形构成小区所需的基站数最少，也最经济。正六边形构成的网络形同蜂窝，因此把小区形状为正六边形的小区制移动通信网称为蜂窝网。应该说明，这种规则的小区图形仅仅具有理论分析和设计意义，实际中的基站天线覆盖区不可能是规则正六边形。

2. 区群的结构

在频分信道的蜂窝系统中，每个小区占有一定的频道，而且各个小区占用的频道是不相同的。假设每个小区分配一组载波频率，为避免相邻小区间产生干扰，各小区的载波频率不应相同。但因为频率资源有限，当小区覆盖不断扩大而且小区数目不断增加时，将出现频率资源不足的问题。因此，为了提高频率资源的利用率，用空间划分的方法，在不同的空间进行频率复用，即将若干个小区组成一个区群或簇（Cluster），区群内不同的小区使用不同的频率，另一区群对应的小区可重复使用相同的频率。不同区群中的相同频率的小区之间将产生同频干扰，但当两同频小区间距足够大时，同频干扰将不影响正常的通信质量。

区群的组成应满足两个条件：一是区群之间邻接，且无空隙无重叠地进行覆盖；二是邻接之后的区群应保持各个相邻同信道小区之间的距离相等。满足上述条件的区群形状和区群内的小区数不是任意的。可以证明，区群内的小区数 N 应满足下式：

$$N = a^2 + ab + b^2$$

式中，a 和 b 为正整数。由此可算出 N 为不同值时的正六边形蜂窝的区群结构如图 1-3 所示。

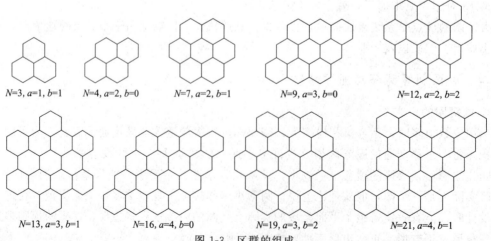

图 1-3　区群的组成

3. 同频小区的距离

区群内小区数不同的情况下，可用下面的方法来确定同频（信道）小区的位置和距离。自某一小区 A 出发，先沿边的垂线方向跨 a 个小区，再向左（或向右）转 $60°$，再跨 b 个小区，这样就到达同信道小区 A。在正六边形的六个方向上，可以找到六个相邻同信道小区，所有 A 小区之间的距离都相等。如图 1-4 所示。

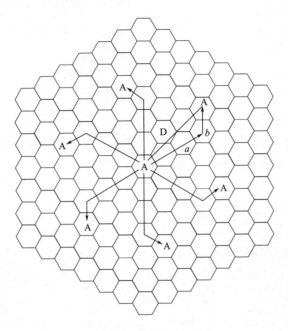

图 1-4   同信道小区的确定

设小区的辐射半径（即正六边形外接圆的半径）为 r，则从图 1-4 可以算出同信道小区中心之间的距离为

$$D = \sqrt{3}\,r\sqrt{(a+b/2)^2 + (\sqrt{3}b/2)^2}$$
$$= \sqrt{3\,(a^2+ab+b^2)} \cdot r$$
$$= \sqrt{3N} \cdot r$$

可见，群内小区数 N 越大，同频道小区距离就越远，抗同频干扰的性能也就越好。

4. 激励方式

中心激励：基站设在小区的中央，由全方向性天线形成圆形覆盖区，这就是所谓的中心激励方式，如图 1-5(a) 所示。

将基站设计在每个小区六边形的三个顶点上，每个基站采用三副 $120°$ 扇形覆盖的定向天线，分别覆盖三个相邻小区的各三分之一区域，每个小区由三副 $120°$ 扇形天线共同覆盖，这就是所谓的顶点激励方式，如图 1-5(b) 所示。采用 $120°$ 定向天线后，所接收到的同频干扰功率仅为采用全向天线系统的 $1/3$，因而可减少系统的同频干扰。另外，在不同地点采用多副定向天线可消除小区内障碍物的阴影区。

5. 小区的分裂

在整个服务区中，每个小区的大小可以是相同的，这只能适应用户密度均匀的情况。事实上服务区内的用户密度是不均匀的，例如城市中心商业区的用户密度高，居民区和市郊区

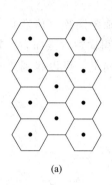 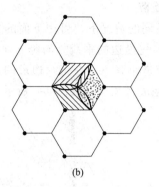

(a)   (b)

图 1-5　两种激励方式

的用户密度低。为了适应这种情况，在用户密度高的市中心区可使小区的面积小一些，在用户密度低的市郊区可使小区的面积大一些，如图 1-6所示。

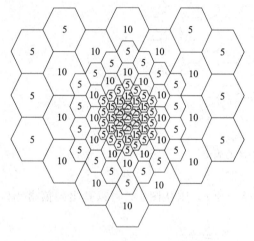 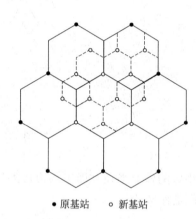

● 原基站　○ 新基站

图 1-6　用户密度不等时的小区结构　　　　图 1-7　小区分裂

　　另外，对于已设置好的蜂窝通信网，随着城市建设的不断发展，原来的用户低密度区可能变成了高密度区。这时可相应地在该地区设置新的基站，将小区面积划分得小一些，如图1-7 所示，这种技术称为小区分裂。

任务四　多址接入技术

　　蜂窝系统是以信道来区分对象的，一个信道只能容纳一个用户进行通话，许多同时通话的用户互相以信道来区分，这就是多址。移动通信是一个多信道同时工作的系统，具有广播和大面积覆盖的特点。在电波覆盖区内，如何建立用户之间的无线信道的连接是多址接入方式的问题。解决多址接入问题的方法即为多址接入技术。

一、频分多址（FDMA）

　　频分多址是将给定的频谱资源划分为若干个等间隔的频道（或称信道）供不同的用户使

用，如图 1-8 所示。移动台 MS₁、MS₂、…、MS_k 分别分配有发射频道 f'_1、f'_2、…、f'_k 和接收频道 f_1、f_2、…、f_k。将基站向移动台方向的信道称为前向信道，而将移动台向基站方向的信道称为反向信道。

图 1-8　频分多址示意图

在单纯的 FDMA 系统中，通常采用频分双工（FDD）的方式来实现双工通信，即接收频率和发送频率是不同的，收发要有一定的间隔（保护频带），此间隔必须大于一定的数值，例如，在 800MHz 和 900MHz 频段，收发频率间隔通常为 45MHz。此外，在用户频道之间设有保护频隙 F_g，以避免系统频率漂移造成频道间重叠。FDMA 频道划分方法如图 1-9 所示。

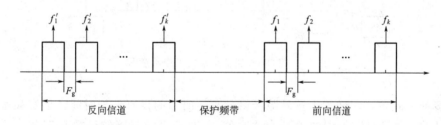

图 1-9　FDMA 的频道划分方法

频分多址是以频率来区分信道的，多个频道在频率轴上严格分开，但在时间和空间上是重叠的，此时，"信道"一词的含义即为"频道"。模拟信号和数字信号都可采用频分多址方式传输。该方式有如下特点。

① 单路单载频。每个频道只传送一路业务信息，载频间隔必须满足业务信息传输带宽的要求。

② 连续传输。系统分配给移动台和基站一对 FDMA 信道，它们利用此频道通信直到结束。

③ 是频道受限和干扰受限的系统。主要干扰有邻道干扰、互调干扰和同频干扰。

④ 需要周密的频率计划，频率分配工作复杂。

⑤ 基站有多部不同频率的收发信机同时工作，基站的硬件配置取决于频率计划和频道配置。

⑥ 频率利用率低，系统容量小。

FDMA 系统通常采用 FDD 工作方式，由于所有移动台均使用相同的接收和发送频段，因而移动台到移动台之间不能直接通信，而必须经过基站中转。移动通信的频率资源十分紧缺，不可能为每一个移动台预留一个信道，只可能为每个基站配置好一组信道，供该基站所覆盖的区域（称为小区）内的所有移动台共用，即多信道共用问题。

二、时分多址（TDMA）

1. 时分多址的原理

时分多址是以时隙（时间间隔）来区分信道的。在无线信道上，把时间分割成周期性的帧，每一帧再分割成若干个时隙（无论帧或时隙都是互不重叠的），然后根据一定的时隙分配原则，使各个移动台在每帧内只能按指定的时隙向基站发送信号，在满足定时和同步的条件下，基站可以分别在各时隙中接收到各移动台的信号而不混扰。同时基站发向多个移动台的信号都按顺序安排在预定的时隙中传输，各移动台只要在指定的时隙内接收就能在合路的信号中把发给它的信号区分出来。图 1-10 是 TDMA 通信系统的工作示意图，图中只画出了移动台到基站传输时信号占用时隙的情况。

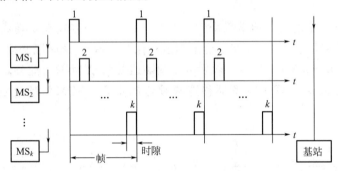

图 1-10　TDMA 通信系统的工作示意图

时分多址方式中，时间轴上按时隙严格分割，时隙间设有保护时间，但在频率轴上是重叠的，此时，"信道"一词的含义为"时隙"。时分多址只能传送数字信息，话音必须先进行模/数变换，再送到调制器对载波进行调制，然后以突发信号的形式发送出去。不同的系统复用路数可以不同。和 FDMA 通信系统相比，TDMA 通信系统主要有以下几方面的特点。

① 以每一时隙为一个话路的数字信号传输。N 个时分信道共用一个载波，占据相同的带宽，只需一部收发信机。

② 各移动台发送的是周期性信号，而基站发送的是时分复用（TDM）信号，发射信号的速率随时隙数的增大而提高。

③ 抗干扰能力强，频率利用率高，系统容量大。

④ 因为移动台只在指定的时隙中接收基站发给它的信息，因而在一帧的其他时隙中，可以测量其他基站发送的信号强度，或检测网络系统发送的广播信息和控制信息，这对于加强通信网络的控制功能和保证移动台的越区切换都是有利的。

⑤ TDMA 系统不存在频率分配问题，对时隙的动态管理和动态分配通常要比对频率的管理和分配简单而经济。如果采用语音检测技术，实现有语音时分配时隙，无语音时不分配时隙，还有利于提高系统容量。

⑥ TDMA 系统必须有精确的定时和同步功能，保证各移动台发送的信号不会在基站发生重叠或混淆，并且能准确地在指定的时隙中接收基站发给它的信号。同步技术是 TDMA 系统正常工作的重要保证，往往也是比较复杂的技术难题。

2. 时分多址通信系统的帧和时隙

不同通信系统的帧长度和帧结构通常是不一样的。TDMA 蜂窝式通信网络所用的时帧长度一般在几毫秒到几十毫秒的范围内。时帧结构和通信系统的双工方式有关。采用频分双工（FDD）时，基站（或移动台）的收发设备要在两个不同的频率上工作，而且这两个频率之间要有足够的保护间隔。通常基站在高频率发射，在低频率接收，而移动台在低频率发射，在高频率接收。对于这样的双工方式，其帧结构如图 1-11 所示。

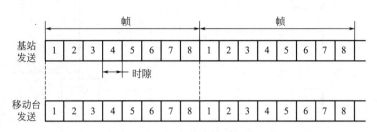

图 1-11　频分双工的帧结构示意图

采用时分双工（TDD）时，基站（或移动台）的收发设备均在同一频率上工作，因而同一部电台的发射机和接收机只有用轮流工作的办法，才能实现双工通信。比如，把帧中的时隙分成两部分，前一部分由基站向移动台发送（移动台接收），后一部分由移动台向基站发送（基站接收），如此交替地转换，即可实现双工通信。按这种办法构成的帧结构如图 1-12所示。

图 1-12　时分双工结构示意图

三、码分多址（CDMA）

码分多址是基于码型分割信道的。在 CDMA 方式中，不同的用户传输信息所用的信号不是根据频率或时隙的不同来区分的，而是用各不相同的编码序列来区分的。如果从频域或时域来观察，多个 CDMA 信号是互相重叠的。接收机用相关器可以在多个 CDMA 信号中选出其中使用预定码型的信号，而其他使用不同码型的信号不能被解调。它们的存在类似于在信道中引入了噪声和干扰（称为多址干扰），各码型之间的互相关性越小，多址干扰就越小。CDMA 系统无论传送何种信息的信道，都是靠采用不同的码型来区分的，所以，此时"信道"一词的含义为"码型"。

在图 1-13 所示的 CDMA 工作系统中，前向信道和反向信道采用频率划分的方式，即移动台对基站方向的载波频率为 f'，基站对移动台方向的频率为 f。每一个移动用户分配有一个地址码，且这些码型信号相互正交（即码型互不重叠）。移动台 MS_1、MS_2、…、MS_k 分别分配有 C_1、C_2、…、C_k，这些码分信道在同一载波上。利用码型和移动用户的一一对应关系，只要知道用户地址（地址码），便可实现选址通信。在 CDMA 系统中，每对用户是在一对地址码型中通信，所以其信道是以地址码型来表征的，并且为了充分利用信道资源，这些信道是动态分配给移动用户的，其信道支配是由基站通过信令信道进行的。因此，在这种动态分配信道的系统中，码型和信道号存在一一对应的关系。

图 1-13 码分多址工作方式示意图

CDMA 的特点是：

① 网内所有用户可以使用同一载波，在频域上占用相同的带宽。

② 各用户可以同时发送或接收信号，在时域上可能占用相同的时间段。

③ 为了传送不同的信息（业务信息和相应的控制信息），需要设置不同的信道。但是 CDMA 系统既不分频道又不分时隙，无论传送何种信息的信道，都是靠采用不同的码型来区分的，类似这样的信道被称为逻辑信道。这些逻辑信道无论从频域或时域上来看，都是互相重叠的，它们均占用相同的频段和时间。

④ 为了实现双工通信，下行传输和上行传输各使用一个载波频率，即频分双工（FDD）。如果只使用一个载波频率，下行传输和上行传输用时间分割，即时分双工（TDD）。

由于多个用户发射的 CDMA 信号在频域和时域是相互重叠的，因此用传统的滤波器或选通门是不能分离信号的，对某用户发送的信号，只有采用与其相匹配的接收机通过相关检测才可能正确接收，也就是说靠用各自编码序列的不同，或者说信号波形的不同来区分，接收机用相关器从多个 CDMA 信号中选出其中使用预定码型的信号，其他使用不同码型的信号因为与接收机产生的本地码型不同而不能被解调。

CDMA 与 FDMA、TDMA 的划分形式不同，FDMA 与 TDMA 均属于一维多址划分，而 CDMA 属于时频二维域上的划分，三者的比较如图 1-14 所示。在 3G 移动通信应用中，WCDMA 系统是典型的 CDMA/FDMA 的混合应用，而 TD-SCDMA 系统是 CDMA/TDMA/FDMA 的混合应用。图 1-15 是它们的比较示意图。

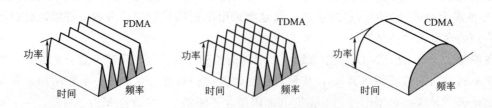

图 1-14 FDMA、TDMA、CDMA 划分形式比较示意图

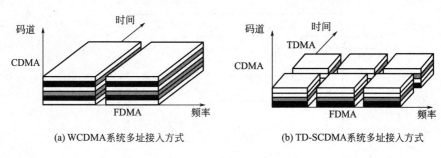

(a) WCDMA系统多址接入方式　　　　(b) TD-SCDMA系统多址接入方式

图 1-15　WCDMA 和 TD-SCDMA 系统多址接入方式比较示意图

任务五　纠错编码技术

一、纠错编码的基本原理

首先用一个例子（见表 1-1）说明纠错编码的基本原理。现在我们考察由 3 位二进制数字构成的码组，它共有 $2^3 = 8$ 种不同的可能组合，若将其全部用来表示天气，则可以表示 8 种不同的天气情况，如：000（晴），001（云），010（阴），011（雨），100（雪），101（霜），110（雾），111（雹）。其中任一码组在传输中若发生一个或多个错码，则将变成另一信息码组。这时，接收端将无法发现错误。

若在上述 8 种码组中只准许使用 4 种来传送消息，譬如

000＝晴　　011＝云　　101＝阴　　110＝雨

则传输中如果出现其他四个未用码组，即可认定有错码，但不能纠正错误，要想纠正错误，需要再增加监督码位数，具体分组码编码原理可以查相关资料，在此不再赘述。

表 1-1　分组码例子（3，2）

天　气	信息位	监督位
晴	00	0
云	01	1
阴	10	1
雨	11	0

二、卷积码

数字化移动信道中传输过程会产生随机差错，也会出现成串的突发差错。讨论各种编码主要用来纠正随机差错，卷积码既能纠正随机差错也具有一定的纠正突发差错的能力。

卷积码的监督元不仅与本组的信息元有关，而且还与前若干组的信息元有关。这种码的纠错能力强，不仅可纠正随机差错，而且可纠正突发差错。图 1-16 为（3，1）卷积码编码器，它由三个移位寄存器（D）和两个模 2 加法器组成。每输入一个信息元 m_j，就编出两个监督元 p_{j1}、p_{j2}，顺次输出成为 m_j、p_{j1}、p_{j2}，码长为 3，其中信息元只占 1 位，构成卷积码的一个分组（即 1 个码字），称作（3，1）卷积码。

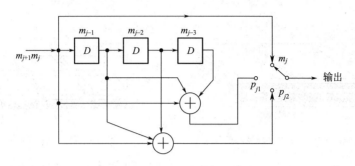

图 1-16 （3，1）卷积码编码器

三、交织编码

交织编码主要用来纠正突发差错，即使突发差错分散成为随机差错而得到纠正。通常，交织编码与上述各种纠正随机差错的编码（如卷积码或其他分组码）结合使用，从而具有较强的既能纠正随机差错又能纠正突发差错的能力。交织编码不像分组码那样，它不增加监督元，亦即交织编码前后，码速率不变，因此不影响有效性。在移动信道中，数字信号传输常出现成串的突发差错，因此，数字化移动通信中经常使用交织编码技术。

交织的方法如下：

一般在交织之前，先进行分组码编码，例如采用（7，3）分组码，其中信息位为 3 比特，监督位为 4 比特，每个码字为 7 比特。第一个码字为 $c_{11}c_{12}c_{13}c_{14}c_{15}c_{16}c_{17}$，第二个码字为 $c_{21}c_{22}\cdots c_{27}$，$\cdots$，第 m 个码字为 $c_{m1}c_{m2}\cdots c_{m7}$。

将每个码字按图 1-17 所示的顺序先存入存储器，即将码字顺序存入第 1 行，第 2 行，$\cdots$，第 m 行（图中为第 1 排，第 2 排，$\cdots$，第 m 排），共排成 m 行，然后按列顺序读出并输出。这时的序列就变为

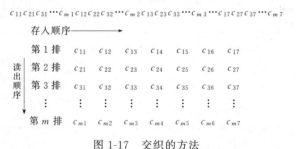

图 1-17 交织的方法

这叫交错码，因为原分组码被交错编织起来了。若在传输的某一时刻发生突发差错，设有 b 个相继的差错（亦即突发差错长度为 b），在接收时由于把上述过程逆向重复，即先按直行存入存储器，再横排读出，这时仍然恢复成为原来的分组码，但在传输时的突发差错被分散了。只要 $m>b$，则 b 个突发差错就被分散到每一分组码中去，并且每个分组最多只有一个分散了的差错，因此它们可以被分组码所纠正。

m 的数字越大，能纠正的突发长度 b 也越长，故 m 称为交错度，它表示纠正突发差错的能力。但因为交织时，收发双方均要进行先存后读的数据处理，所以有一个处理时间的延迟。m 越大，处理时间也越长，必须把处理时间保持在允许的时延之内。

任务六　多信道共用技术

一、话务理论

1. 话务量与呼损率

话务量定义为在一特定时间内呼叫次数与每次呼叫平均占用信道时间的乘积，是度量通信系统业务量或繁忙程度的指标，可分为呼叫话务量与完成话务量。呼叫话务量取决于单位时间内（通常为1小时）发生的平均呼叫次数与每次呼叫平均占用时间。在系统的呼叫话务量中，必然有一部分呼叫失败（信道全部被占用时，新发起的呼叫不能被接续），而完成接续的那部分话务量称为完成话务量。如用 A 表示呼叫话务量，A_0 表示完成话务量，C 表示单位时间内发生的平均呼叫次数，C_0 表示单位时间内呼叫成功的次数（即接通次数），t_0 表示每次呼叫平均占用信道时间，则有

$$A = C \cdot t_0$$

若计算 C 所用的单位时间与 t_0 的单位相同，则话务量单位称为"爱尔兰"（Erlang，简写为 Erl.）。例如，一个呼叫占用信道1小时，则该信道话务量为 1Erl.。这是一个信道具有的最大话务量。

例如，在100个信道上，平均每小时有2100次呼叫，平均每次呼叫时间为2分钟，则这些信道上负荷的呼叫话务量为

$$A = \frac{2100 \times 2}{60} = 70 \text{Erl.}$$

损失话务量（呼叫失败的话务量）与呼叫话务量之比称为呼损率，用以说明呼叫失败的概率，用 B 表示，有

$$B = \frac{A - A_0}{A} \times 100\% = \frac{C - C_0}{C} \times 100\%$$

呼损率的物理意义是损失话务量与呼叫话务量之比的百分数。显然，呼损率越小，呼叫成功率就越大，用户就越满意。呼损率也称为系统的服务等级，是衡量通信网接续质量的主要指标。例如，某系统的呼损率为10%，即说明该系统内的用户每呼叫100次，其中有10次因信道被占用而无法接通，其余90次则能找到空闲信道实现通话。

对于一个通信网来说，要想使呼损减少，只有让呼叫的话务量减少，这样势必要减少系统容纳的用户数，这是不希望的，可见呼损率与话务量是一对矛盾。如果网内每次呼叫相互独立，互不相关（呼叫具有随机性），而且每次呼叫在时间上都具有相同的概率，那么，根据话务理论，话务量 A、呼损率 B、信道数 n 之间存在下式所示的定量关系：

$$B = \frac{A^n / n!}{\sum_{i=0}^{n} A^i / i!}$$

上式就是著名的爱尔兰呼损公式。

2. 信道数与用户数的关系

有了上面的这些概念，接着讨论它们与系统用户数之间的关系。在工程设计中，在考虑通信系统用户数和信道数时，应采用每用户忙时平均话务量（用 a 表示）。因为只要在忙时信道够用，非忙时肯定也够用。忙时话务量与全天（24小时）话务量之比称为忙时集中系

数（用 K 表示），K 一般取 $10\%\sim15\%$。假设每用户每天平均呼叫次数为 C，每次呼叫平均占用信道时间为 T（秒/次），忙时集中系数为 K，则每用户忙时话务量 a 为

$$a=\frac{CTK}{3600}$$

一般地讲，对公众网，每用户忙时话务量可按 0.01Erl. 取值；对专用网，一般可按 0.06Erl. 进行取值。

当每用户忙时话务量确定后，每个信道所能容纳的用户数 m 可由下式计算：

$$m=\frac{A/n}{a}$$

若系统有 n 个信道，则系统所能容纳的用户数 M 为

$$M=m\cdot n=\frac{A}{a}$$

由以上分析可见，在系统设计时，既要保证一定的服务质量，又要保证系统用有限的信道数给尽可能多的用户提供服务，尽量提高信道利用率。

二、空闲信道的选取

1. 专用呼叫信道方式

专用呼叫信道方式是在网中专门设置的呼叫信道，专用于处理用户的呼叫。专用呼叫信道的作用有两个：一是处理呼叫；二是指配语音信道。

移动用户只要不通话时就停留在呼叫信道上守候。当移动用户要发起呼叫时，就在上行专用呼叫信道发出呼叫请求信号，基站收到请求后，在下行专用呼叫信道给主叫的移动用户指定当前的空闲信道，移动台根据指令转入空闲信道通话，通话结束后再自动返回到专用呼叫信道守候。当移动台被叫时，基站在专用呼叫信道上发出选呼信号，被叫移动台应答后即按基站的指令转入某一空闲信道进行通信。

这种方式的优点是处理呼叫的速度快。但是，由于这种方式专门需要一个信道作呼叫信道，相对来说，减少了通话信道的数目，当用户数和共用信道数不多时，这种方式信道利用率不高。因此，这种方式适用于大容量的移动通信网，是公用移动电话网的主要方式。我国目前的 900MHz 蜂窝移动通信系统就是采用这种方式。

2. 标明空闲信道方式

标明空闲信道方式可分为循环定位、循环不定位、循环分散定位等。小容量移动通信网比较适合采用这种方式。

（1）循环定位方式

这种方式不设置专门的呼叫信道，由基站利用发空闲信号的方法临时指定一个信道作为呼叫信道，所有的信道都可供通话，选择呼叫与通话可在同一信道上进行。基站在某一空闲信道上发出空闲信号，所有未在通话的移动台都自动地对所有信道进行循环扫描，一旦在某一信道上收到空闲信号，就定位在这个信道上守候。所有移动台都集中守候在临时呼叫信道上，当这个信道被某个移动台占用后，基站就另选一空闲信道发出空闲信号，所有未通话的移动台又自动转到新的临时呼叫信道上守候。如果基站的全部信道都被占用，基站就停发空闲信号，所有未通话的移动台就不停地循环扫描，直到出现空闲信道，收到空闲信道才定位在该信道上。

这种方式中，所有信道都可用于通话，信道的利用率高。此外，由于所有空闲的移动台

都定位在同一个空闲信道上，不论移动台主呼或被呼都能立即进行，处理呼叫快。但是，正因为所有空闲移动台都定位在同一空闲信道上，其中有两个以上用户同时发起呼叫的概率（同抢概率）也较大，极易发生冲突。

（2）循环不定位方式

为减少同抢概率，移动台采用循环扫描而不定位的方式。该方式是基站在所有空闲信道上都发出空闲标志信号，不通话的移动台始终处于循环扫描状态。当移动台主呼时，首先遇到任何一个空闲信道就立即占用。由于预先设置了不同移动台对信道的扫描顺序不同，两个移动台同时发出呼叫，又同时占用同一空闲信道的概率很小，这就有效地减少了同抢概率。不过主叫时不能立即进行，要先搜索空闲信道，当搜索到并定位之后才能发出呼叫，时间上稍微慢了一点。当移动台被呼叫时，由于各移动台都在循环扫描，无法接收基站的选呼信号，因此，基站必须先在某一空闲信道上发一个保持信号，指令所有循环扫描中的移动台都自动地对这个标有保持信号的空闲信道锁定。

保持信号需持续一段时间，等到所有空闲移动台都对它锁定以后，再改发选呼信号。被呼移动台对选呼信号应答，即占用此信道通信。其他移动台识别不是呼叫自己，立即释放此信道，重新进入循环扫描。

这种方式减少了同抢概率，但因移动台主呼时要先搜索空闲信道，被呼时要先保持信号锁定，这都占用了时间，所以接续时间比较长。

（3）循环分散定位方式

为克服循环不定位方式中移动台被呼的接续时间比较长的缺点，人们提出了一种分散定位方式，即基站在全部不通话的空闲信道上都发空闲信号，网内移动台分散地守候在各个空闲信道上。移动台主呼是在各自守候的空闲信道上进行的，保留了循环不定位方式的优点。基站呼叫移动台时，呼叫信号在所有的空闲信道上发出，并等待应答信号，从而提高了接续速度。

任务七　移动管理技术

一、位置登记与漫游

位置登记是指移动台向控制中心发送报文时，表明它本身工作时所处的位置信息，并被移动网登记存储的过程。在构造复杂的小区制移动通信服务区内，一般将一个 MSC 的控制区作为一个位置区或划分成若干个位置区。移动台将所处位置的位置信息进行位置登记，可以提高寻呼一个移动台的效率，移动台的位置登记信息被存储于 MSC 内。不同的蜂窝移动通信系统可以使用不同的位置登记方式。

在数字移动通信系统中，位置管理主要由两个位置管理数据库来完成，即归属位置寄存器（HLR）和拜访位置寄存器（VLR）。通常一个 PLMN 网络由一个 HLR 和 VLR 组成。HLR 的作用是存储在其网络内注册的所有用户的信息，数据库中包含两类信息，即用户信息与用户当前的位置信息。VLR 的作用是管理该网络中若干个位置区（一个位置区由一定数量的蜂窝小区组成）内的移动用户，为移动交换中心（MSC）处理呼叫提供移动用户的位置数据信息。

对于每一个 MS，存储在 HLR 中的主要信息如下：

① 国际移动台标识（IMSI）；

② 国际移动台号（MSISDN）；

③ 移动台漫游号（MSRN）；

④ VLR 地址（如果收到的话）；

⑤ 移动台状态数据；

⑥ 其他需要的用户数据。

对于每一个正在访问的 MS，存储在 VLR 中的主要信息如下：

① 国际移动台标识（IMSI）；

② 国际移动台号（MSISDN）；

③ 移动台漫游号（MSRN）；

④ 临时移动台标识（TMSI）；

⑤ 位置区识别；

⑥ 其他需要的数据。

事实上，HLR 和 VLR 主要是为实现漫游功能而增设的部件，也是数字移动网中所特有的，它们在位置登记中起数据库的作用。

漫游通信就是指在蜂窝移动通信系统中，移动用户持在自己的归属区登记注册过的移动终端到被访区经过位置登记入网使用的通信服务功能。漫游可使一个在蜂窝系统中注册的移动用户在大范围内跨区行驶，并随意与此系统中的固定网用户或另一个移动用户通话。漫游通信主要包括三个过程：位置登记、转移呼叫和呼叫传递。

位置登记的步骤是在移动台的实时位置信息已知的情况下，更新位置数据库（HLR 和 VLR）和认证移动台。位置更新解决的问题是移动台如何发现位置变化以及何时报告它的当前位置。呼叫传递的步骤是在有呼叫给移动台的情况下，根据 HLR 和 VLR 中可用的位置信息来定位并寻呼移动台。寻呼解决的问题是如何有效地确定移动台当前处于哪一个小区。下面简单介绍位置登记的实现过程。

位置登记是指 PLMN 不断跟踪移动台在系统中的位置，位置信息存储在 HLR 和 VLR 中。也就是说，当用户作为漫游用户时，首先必须在被访区移动业务交换中心（VMSC）进行位置登记，然后经 No.7 信令网向 HLR 发回一个位置信息信号，以更正这个用户的必要数据。具体过程如图 1-18 所示。

位置管理涉及网络处理能力和网络通信能力。网络处理能力涉及到数据库的大小、查询的频度和响应速度等；网络通信能力涉及到传输位置更新和查询信息所增加的业务量及时延等。位置管理所追求的目标是以尽可能小的处理能力和附加的业务量，最快地确定用户的位置，以求容纳尽可能多的用户。

不同的系统（如 GSM 系统、CDMA 系统等）其位置管理的详细过程是不同的。

二、越区信道切换

任何一种蜂窝网都采用小区制方式，小区中常常分为若干个扇区，因此移动台从一个扇区到另一个扇区，或从一个小区到另一个小区，甚至从一个业务区到另一个业务区，都需要进行越区切换。越区（过区）切换（Handoff 或 Handover）是指将当前正在进行的移动台与基站之间的通信链路从当前基站转移到另一个基站的过程，或者说，当正在通话的移动台从一个小区（扇区）驶入相邻的小区（扇区）时，MSC 控制使一个信道上的通话切换到另一个信道上的过程。越区切换可以基于接收的信号强度或信干比（SIR），或基于网络资源

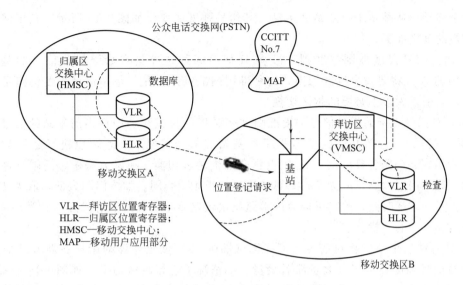

图 1-18　位置登记实现过程示意图

管理的需要。切换过程可能涉及移动台的注册和鉴权，该过程也称为自动链路转移（Auto-matic LinkTransfer，ALT）。越区切换的目的是维持通话的连续性。

　　移动用户由其归属交换局辖区进入另一交换局辖区的小区时的切换称为漫游切换，并称所进入的新交换局为被访交换局。实现漫游切换后的通信即为漫游通信。这时，移动用户的归属交换局与被访交换局之间需要完成移动用户文档的存取和有关信息的交换，并建立通信链路。实现漫游的条件是：覆盖频率段一样，无线接口标准相同，并且已完成漫游网的联网。将来出现多频多模手机后，也可以在不同频段、不同接口标准的系统中漫游。

　　通常，越区切换分为两大类：一类是硬切换，另一类是软切换。

　　软切换是在越区过程中，当移动台的通信准备连到相邻的新基站或扇区目标的无线端口时，移动台既维持旧的连接，同时又建立新的连接，并利用新、旧链路的分集合并改善通信质量，移动台与新的无线端口建立了可靠连接之后，再中断旧的连接。软切换在空中接口过程中是先通后断，软切换过程中，移动台可以同时和一个以上的无线端口通信。

　　硬切换是在越区过程中，当移动台的通信准备连到相邻的另一个基站或扇区目标的无线端口时，先中断旧的连接，然后再进行新的连接，新的连接将具有不同的频率分配或不同的空中接口特性，硬切换在空中接口过程中是先断后通，硬切换过程中，移动台只能同一个无线端口通信。

　　CDMA 系统的越区切换与 FDMA 或 TDMA 系统的越区切换是不同的。FDMA 或 TDMA 系统的越区切换采用硬切换，而 CDMA 系统在同载波小区的越区切换采用软切换，不同载波小区的越区切换采用硬切换。

　　TD-SCDMA 系统采用介于软切换和硬切换之间的新切换方法——接力切换。接力切换将在后续相关章节介绍。

　　越区切换通常包括以下三个方面的问题。

1. 越区切换的准则

　　在决定何时需要进行越区切换时，通常是根据移动台处接收的平均信号强度来确定，也可以根据移动台处的信号干扰比（SIR）、误比特率等参数来确定。

假定移动台从基站 1 向基站 2 运动，其信号强度的变化如图 1-19 所示。判定何时需要越区切换的准则如下。

① 相对信号强度准则（准则 1）。在任何时间都选择具有最强接收信号的基站，如图 1-19 中的 A 处将要发生越区切换。这种准则的缺点是，在原基站信号强度仍满足要求的情况下，会引发太多不必要的越区切换。

② 具有门限规定的相对信号强度准则（准则 2）。仅在移动用户当前基站的信号足够弱（低于某一门限），且新基站的信号强于本基站的信号情况下，才可以进行越区切换。如图 1-19 所示，当门限为 Th_2 时，在 B 点将会发生越区切换。在该方法中，门限选择具有重要作用。如果门限太高，取为 Th_1，则该准则与准则 1 相同。如果门限太低，取为 Th_3，则会引起较大的越区时延，此时可能会因链路质量较差而导致通信中断。另一方面，它会对同道用户造成额外的干扰。

③ 具有滞后余量的相对信号强度准则（准则 3）。仅允许移动用户在新基站信号强度比原基站信号强度强很多（大于滞后余量）的情况下进行越区切换，如图 1-19 中的 C 点。该技术可防止由于信号波动引起的移动台在两个基站之间的来回重复切换，即"乒乓效应"。

④ 具有滞后余量和门限规定的相对信号强度准则（准则 4）。仅允许移动用户在当前基站的信号电平低于规定门限，并且新基站的信号强度高于当前基站一个给定滞后余量时进行越区切换，如图 1-19 中的 D 点附近。

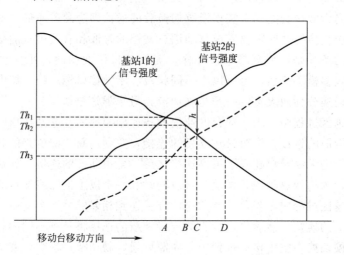

图 1-19　越区切换准则示意图

2. 越区切换的控制策略

越区切换控制包括两个方面：一方面是越区切换的参数控制，另一方面是越区切换的过程控制。参数控制在上面已经提到，这里主要讨论过程控制。

在移动通信系统中，过程控制的方式主要有以下 3 种。

① 移动台控制的越区切换。移动台连续监测当前基站和几个越区时的候选基站的信号强度和质量。当满足某种切换准则后，移动台选择具有可用业务信道的最佳候选基站，并发送越区切换请求。PACS 和 DECT 系统采用了移动台控制的越区切换。

② 网络控制的越区切换。基站检测来自移动台的信号强度和质量，当信号低于某个门

限时，网络开始安排向另一个基站的越区切换。网络要求移动台周围的所有基站都监测该移动台的信号，并把测量结果报告给网络，网络从这些基站中选择一个基站作为越区切换的新基站，把结果通过基站通知移动台，并通知新基站。TACS、AMPS 等第一代模拟蜂窝系统大多采用这种策略。

③ 移动台辅助的越区切换。网络要求移动台测量其周围基站的信号质量，并把结果报告给旧基站，网络根据测试结果决定何时进行越区切换以及切换到哪一个基站。IS-95 和 GSM 系统采用了移动辅助的越区切换。

3. 越区切换时的信道分配

越区切换时的信道分配是解决当呼叫要转换到新小区时，新小区如何分配信道，使得越区切换的失败率尽可能小的问题。常用的做法是在每个小区预留部分信道专门用于越区切换。这种做法的特点是：因可用信道数减少，增加了本小区的呼损率，但减少了越区切换时通话被中断的概率，从而符合人们的使用习惯。而 TD-SCDMA 中采用的接力切换可以克服传统越区切换占用信道资源太多的问题。

项目二　手机整机拆装

■ 知识目标

① 熟悉手机整机拆装工具的使用；
② 熟悉手机整机拆装注意事项。

■ 能力目标

① 熟练使用手机拆装工具；
② 熟练拆装各类型手机。

手机整机的拆装技能是认识手机内部结构和元器件的第一步。手机的外壳一般采用薄壁 PC-ABS 工程塑料，它的强度有限，再加上手机外壳的机械结构不同，有的采用螺钉紧固、内卡扣、外卡扣的结构，所以对于手机的安装和拆卸，要在明白机械结构的基础上，再进行拆卸，否则极易损坏外壳。

任务一　整机拆装工具的准备

一、拆装工具

1. 螺丝刀

手机维修用螺丝刀一般由防静电手柄及刀头组成，刀头根据螺丝形状有多种外形，手柄一般常为塑胶材料，刀头一般为铬钒钢材料，刀头一般都有磁性，用于吸住细小的螺丝。手机维修中常用的螺丝刀主要有 T4、T5、T6、T7、T8、十字 2.0mm 或 1.5mm 等。

在拆卸手机外壳时，要将手机放在维修桌面上，不要一只手拿手机，另一手拿螺丝刀，防止用力不均造成手机脱落，掉在地上或螺丝刀滑动划伤手机外壳表面。

在拆卸螺丝时，要选择合适的螺丝刀，不能用其他工具代替，避免螺丝滑丝。使用螺丝刀时，螺丝刀要垂直于手机，用力轻轻下按，防止工具在使用过程中的脱牙与滑动引起滑丝。

拆下的螺丝，如果使用螺丝刀的磁性无法从螺丝孔吸出来，可以使用镊子轻轻夹出来，尽量不要翻过手机来磕，这样操作有可能造成手机主板变形或意外损坏。

2. 镊子

在手机维修中使用的镊子有尖头镊子和弯头镊子，主要用来夹取螺丝和机器的小元件。除此之外，镊子不能再做其他用途使用，例如拆卸外壳、撬动屏蔽罩，这些都是不允许的，可能会造成镊子变形、断裂等。

3. 拆机辅助工具

手机前后壳除了用螺丝固定外，还用了卡扣固定，再拆卸外壳时，使用比较多的辅助工具是拆机撬片和拆机撬棒，这两个辅助工具的作用是撬开手机前后壳之间的卡扣，分离前后壳，同时避免在外壳上留下撬痕。

（1）拆机撬片

拆机撬片的实物图如图2-1所示。

拆机撬片的用法：右手的食指和拇指捏住拆机撬片，左手握紧手机。注意不要前后壳一起握住，要握紧前壳，后壳不要握得太紧。

图 2-1　拆机撬片实物图

将撬片插入手机缝隙中，轻轻地划，碰到卡扣的地方会有阻力，这时候将撬片往里压一下，但不能用力太大，听到"咔哒"的声音的时候，说明卡扣已经脱离，继续下一个卡扣的处理。

（2）拆机撬棒

拆机撬棒一般是塑胶材料制成，手柄位置为四棱塑胶，防止打滑。顶部扁平且有一个弯钩，弯钩部位很薄，用于插入手机外壳。拆机撬棒实物图如图2-2所示。

图 2-2　拆机撬棒实物图

拆机撬棒在手机维修中主要有两个用途，一是拆卸手机外壳时使用，有些手机外壳不适宜使用撬片的时候，可以使用拆机撬棒；二是拆卸手机内连接座时，可以使用拆机撬棒，拆卸手机内连接座时，尽量不要用镊子，避免镊子的尖端造成内连接座变形或短路。

将拆机撬棒插入手机外壳缝隙，利用杠杆原理，轻轻压拆机撬棒的手柄一端，就可以将手机外壳拆掉，注意用力要适度，不要用蛮力。

使用拆机撬棒拆卸手机内连接座时，将拆机撬棒从内连接座的一边插入，然后轻轻压拆机撬棒的手柄，如果内连接座不容易取下，一定要观察是否有其他原因，避免因用力过大造成内连接座变形。

（3）毛刷

毛刷的用途是清理手机内部的灰尘，尤其是边边角角的灰尘。手机受潮后，这些灰尘就会起到导电作用，降低电路性能，影响散热。而且灰尘还会导致按键接触不良等问题。

任务二　手机整机拆装方法

手机的拆装是手机维修的一项基本功。有些手机极易拆装，也有不少手机，如果掌握不好拆装的技巧，很容易拆坏。有的手机靠内、外壳的塑料挂钩、卡扣来紧固；有的手机显示屏的边框与听筒都有固定胶；有的手机后壳在螺丝防护胶塞的小孔内等。对于一时不易拆卸的手机，应先研究一下手机的外壳，看清上下两盖是如何配合的，然后再拆卸待修手机。

25

一、手机整机拆装方法

手机的拆装一般需要使用专用的整机拆装工具。

目前，手机有折叠和直板两种类型的外形构造。不过，手机外壳的拆装可分为两种情况：一种是带螺钉的外壳，带螺钉的要防止螺钉滑丝，否则既拆不开，又装不上；另一种是不带螺钉（或带少量螺钉）而主要依靠卡扣装配的外壳，在拆卸这类手机时要使用专用工具，否则会损坏机壳。带卡扣的要防止硬撬，以免损坏卡扣。

手机的体积小，结构紧凑，所以在拆卸时应十分小心，否则会损坏机壳和机内元器件及液晶显示屏等。显示屏为易损元件，尤其是折叠机，在更换液晶显示屏时更要小心慎重，以免损坏显示屏和灯板以及连接显示屏到主板的软连接排线。尤其主要不能折叠显示屏上的软连接排线。对于显示屏，要轻取轻放，不能用力过大，不要用风枪吹屏幕，也不能用清洗液清洗屏幕，否则屏幕将不显示。

二、手机整机拆装注意事项

① 建立一个良好的工作环境。所谓良好的工作环境，应具备如下条件：安静、简洁、明亮、无浮尘和烟雾，尽量远离干扰源；在工作台上铺盖一张起绝缘作用的厚橡胶片；准备一个带有许多小抽屉的元器件架，可以分门别类地放置相应的配件。

② 预防静电干扰。应将所有仪器的地线都连接在一起，并良好地接地，以防止静电损伤手机的 CMOS 电路；要穿不易产生静电的工作服，并注意每次在拆机前，都要用手触摸一下地线，把人体的静电放掉，以免静电击穿零部件。

③ 养成良好的维修习惯。拆卸下的元器件要存放在专用元器件盒内，以免丢失而不能复原手机。

④ 折叠式的手机都有磁控管类器件，换壳重装时，不要遗忘小磁铁，以免磁控管失效，造成手机无信号指示。

⑤ 重装前板与主板无屏蔽罩的手机时，切莫遗忘安装挡板，以免手机加电时前后电路板元件短路，损坏手机。

三、手机整机拆装实例

诺基亚 3210 手机的拆装。

① 按住手机后盖下部的按钮，推出电池后盖，如图 2-3(a) 所示。

② 按图所示方向取出电池，如图 2-3(b) 所示。

③ 按图所示方向分离天线两边的塑扣，取出内置天线，如图 2-3(c) 所示。

④ 拧下 4 个固定螺钉，取出金属后盖，如图 2-3(d) 所示。

⑤ 用镊子取出外接接口组件，取出主板，如图 2-3(e) 所示。

⑥ 取下按键膜，取出显示屏总成（即完整的一套显示屏），剥离显示屏固定锁扣，如图 2-3(f) 所示。

⑦ 卸下显示屏的固定框，取下显示屏，如图 2-3(g) 所示。

⑧ 重装的步骤与拆卸步骤相反。

拆卸完毕，下面应该开始装机了，可根据上面的步骤倒着看回去，就可以把手机装起来了。把手机安装完毕后，下一步还要对手机功能进行检查，包括按键功能检查、通话功能检查、菜单功能检查、充电功能检查等，确保手机各项功能正常。

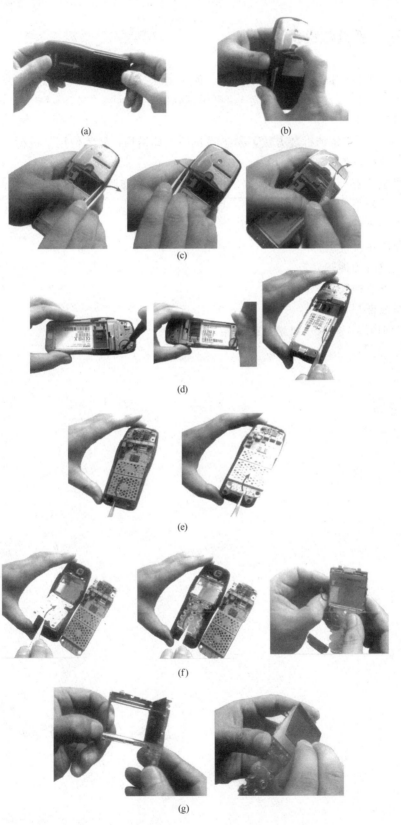

(a)

(b)

(c)

(d)

(e)

(f)

(g)

图 2-3　诺基亚 3210 手机的拆机步骤

任务三　手机整机拆装实训

请指导教师选择几款不同类型的手机，让学生练习拆装整机。要求学生先仔细观察手机的特点（颜色、外形、型号、电池等），再用正确的方法拆装手机。

1. 实训目的

熟练掌握手机整机的拆装方法，熟悉手机的内部结构；熟练使用手机拆装工具。

2. 实训器材与工作环境

① 手机主板若干，具体种类、数量由指导教师根据实际情况确定。

② 手机维修平台一台、整机拆装工具一套。

③ 建立一个良好的工作环境。

3. 实训内容

① 手机整机的拆卸。

② 手机整机的安装。

4. 实训报告

根据实训内容，完成手机整机拆装实训报告。

项目三　手机贴片元器件的认识、检测及拆装

知识目标

① 熟悉手机中常用分立元件的外观；
② 熟悉手机中常用分立元件的性能。

能力目标

① 能够识别分立元器件；
② 能够检测分立元器件的好坏；
③ 熟练使用热风枪、防静电电烙铁拆焊与焊接分立元器件。

任务一　电阻、电容、电感元件的认识与检测

一、电阻的认识与检测

1. 电阻的认识

手机中的电阻采用体积较小的贴片元件，外观大多两端为银色，中间为黑色，个别也有蓝色、紫色等其他颜色，一般为保险电阻或特殊电阻。手机中的电阻绝大多未标出其阻值，个别体积稍大的电阻在其表面一般用三位数表示其阻值的大小，其中，第一，二位数为有效数字，第三位数为倍乘，即有效数字后面"0"的个数，单位是Ω。例如，201 表示 200Ω，225 表示 2200000Ω，即 2.2MΩ。当阻值小于 10Ω 时，以 R 表示，将 R 看做小数点，如 3R90 表示 3.9Ω，R22 即阻值为 0.22Ω。贴片电阻实物图如图 3-1 所示。

普通电阻　　　　　　　　　　　　　　　　　　　直标电阻

图 3-1　贴片电阻实物图

手机电池检测电路和充电电路中可能会使用一些特殊电阻，常用的有热敏电阻和保险电阻。热敏电阻的阻值随外界温度变化而变化，手机中主要用热敏电阻对电池温度进行采样；保险电阻在电路中主要起熔丝的作用，当电流超过最大电流时，电阻层会迅速剥落熔断，切断电路，起到保护作用，保险电阻的电阻值通常很小。

2. 电阻的检测

对手机贴片电阻的检测方法有两种，一种是直接观察法，查看电阻外观是否受损、变形和烧焦变色，若是，则表明电阻已损坏。此法对其他元器件（如电容、电感等）均适用。二是测量法，将指针式万用表打到Ω挡，先将表笔短路调零，将两表笔（不分正负）分别与电阻的两端引脚相接即可测出实际电阻值。由于贴片电阻太小，可在引脚两端焊接导线后，再用万用表测量。注意：测量时，特别是在测几十千欧以上阻值的贴片电阻时，手不要触及表笔和贴片电阻的导电部分。在实际故障检修时，如怀疑电阻变质失效，则不能直接在电路板上测量电阻值，因被测电阻两端存在其他电路的等效电阻，正确的方法是先将电阻从电路板上拆下，再选择合适的电阻测量。如果所测电阻值为0，则电阻内部发生了短路；如果所测电阻阻值为无穷大，则表明电阻内部已断路，以上两种结果都说明电阻已损坏。

二、电容的认识与检测

1. 电容的认识

手机中的无极性普通电容两端为银白色，中间大部分为灰色、黄色、棕色等，其体积与电阻相当。电容的分类方法有多种，根据容量是否可变可分为固定电容、可变电容；根据材料可分为电解电容、瓷片电容、云母电容、涤纶电容、钽电容等。

电容还可分为无极性电容与有极性电容。电解电容是有极性的，电解电容的正极一端有一条色带（黄色的电解电容色带通常是深黄色，黑色的电解电容色带通常是白色）。钽电容的颜色鲜艳（多为红色、棕色或黄色），其特点是容量稳定。它突出的一端为正极，另一端为负极。更换有极性电容时，应注意极性，如极性错误会导致元件损坏。贴片电容实物图如3-2所示。

无极性电容　　　　　　有极性电容　　　　　可调电容

图 3-2　贴片电容实物图

在手机电路中，可根据经验从颜色的深浅辨别电容容量的等级。浅色的为皮法（pF）级，如100pF以内的；深色、棕色为隔直流、滤波电容，为纳法（nF）和微法（μF）级的电容。μF级的电容一般为有极性的电容，而pF级的电容一般为无极性普通电容。

有的普通电容容量采用符号标注，在其中间标出两个字符，而大部分普通电容则未标出其容量。标注符号的意义是：第一位用字母表示有效数字，第二位用数字表示倍乘，即有效数字后面"0"的个数，单位为pF。第一位字母所表示的有效数字的意义如表3-1所示。

电解电容由于体积大，其容量与耐压一般直接标在电容体上，钽电解电容不标其容量大小和耐压，不标容量和耐压的电容都可以通过图样查找其参数。

表 3-1　部分片状电容容量标识字母的含义

字符	A	B	C	D	E	F	G	H	I	K	L	M
值	1	1.1	1.2	1.3	1.5	1.6	1.8	2.0	2.2	2.4	2.7	3.0
字符	N	P	Q	R	S	T	U	V	W	X	Y	Z
值	3.3	3.6	3.9	4.3	4.7	5.1	5.6	6.2	6.8	7.5	9.0	9.1

2. 电容的检测

用指针式万用表的电阻挡测量电容，只能定性判断电容的漏电程度、容量是否衰退、是否变值，而不能测出电容的标称静电容量。要测量标称静电容量，可使用带有电容测量功能的数字万用表，下面只介绍指针式万用表判别电解电容好坏的方法。

将万用表的电阻挡调到 R×1k 挡或 R×10k 挡，用表笔接触电容器的两个端子，表针先向 0Ω 方向摆动，当达到一个很小的电阻读数后便开始反向摆动，最后慢慢停留在某一个大阻值读数上，电容量越大，表针偏转的角度应当越大，指针返回得也应当越慢。如果指针不摆动，则说明电容内部已开路；如果指针摆向 0Ω 或靠近 0Ω 的数值，并且不向无穷大的方向回摆，则说明电容内部已击穿短路；如果指针摆向 0Ω 后能慢慢返回，但不能回摆到接近无穷大的读数，则表明电容存在较严重的漏电，且回摆指示的电阻值越小，漏电就越严重。由于电解电容本身就存在漏电，所以表针不能完全指向无穷大，而是接近无穷大的读数，这是正常的。由于万用表打在电阻挡时，黑表笔连接内部电池的正极，红表笔连接内部电池的负极，而电解电容都是有极性的电容，所以用万用表测量耐压低的电解电容时，应当将黑表笔连接到电容的正极，红表笔连接到电容的负极，以防止电容被反向击穿。再次测量之前，应先将电容短路放电，否则将看不到电容的充放电现象。如果没有充放电现象，或终值电阻很小，或表针的偏转角度很小，则都表明电容已不能正常工作。

对于容量很小的一般电容器，用模拟式万用表只能判断是否发生短路，无法判断电容是否开路。所以在故障维修时，如果怀疑某电容有问题，其一，可使用带有电容测量功能的数字万用表进行测试，其二，采用替换法，用一个新电容进行替换，若故障现象消失，则可确定原电容有问题。

三、电感的认识与检测

1. 电感的认识

将一根导线绕铁芯或磁芯上或绕成一个空心线圈就是一个电感。在手机电路中，一条特殊的印制线即构成一个电感，在一定条件下又称为微带线。手机电路中电感的数量很多，有的从外观上可以辨认出来，如图 3-3 所示是绕线电感，呈片状矩形，用漆包线绕在磁芯上，目的是为了提高电感量。如图 3-4 所示是漆包线隐藏的电感，一般是手机电源电路中的升压电感。两头为银色而中间为蓝色的镀锡层，形状类似普通小电容，这种电感是叠层电感，又叫压模电感，可以通过图样和测量方法将其与电容分开，如图 3-5 所示。手机中还有很多 LC 选频电路的电感，如图 3-6 所示的电感，其外表是白色、浅蓝色、绿色、一半白一半黑。

2. 电感的检测

用指针式万用表无法直接测量电感的电感量和品质因数，只能定性判断电感线圈的好坏。因大多数电感线圈的直流电阻不会超过 1Ω，所以用万用表的 R×1 挡测量电感线圈两

图 3-3 绕线电感

图 3-4 升压电感

图 3-5 叠层电感

图 3-6 中周电感

端的电阻应近似为零。如指针不动或指向较大的电阻读数，则表明电感线圈已断路或损坏。大多数电感的故障均是断路，电感线圈内部发生短路的情况极为少见，所以在实际检修中主要测量它们是否开路，或者用一个新电感进行更换来判断。如果万用表指针指示不稳定，说明内部接触不良。

任务二 半导体器件的认识与检测

一、二极管的认识与检测

1. 二极管的认识

手机中的二极管主要有以下几种。

（1）普通二极管

普通二极管是利用二极管的单向导电性来工作的。它有两个引脚，一端为黑色，另一端有白色的竖条，表示该端为负极。用于开关、整流、隔离。

（2）稳压二极管

稳压二极管是利用二极管的反向击穿特性来工作的。在手机电路中，它常用于键盘、听筒、扬声器电路、振动器电路和铃声电路。

（3）变容二极管

变容二极管采用特殊工艺使 PN 结电容随反向偏压变化反比例变化，变容二极管是一种电压控制元件，通常用于压控振荡器（VCO），改变手机本振和载波频率，使手机锁定信道。

（4）发光二极管

发光二极管在手机中主要用作背景灯及信号指示灯。发光二极管按发光颜色一般分为红光、绿光、黄光、蓝光、白光等数种，工作电流一般为几毫安至几十毫安。在实际使用时，一般在发光二极管电路中串接一个限流电阻。

（5）组合二极管

就是指由几个二极管共同构成一个二极管组合电路。如三星 T108 手机开关机控制电路中的 D101 就是一个组合二极管，内部集成了 4 个二极管共同构成一个模块结构。

图 3-7 所示为贴片二极管。

矩形二极管

柱形二极管

双二极管

图 3-7　贴片二极管

2. 二极管的检测

用指针式万用表检测二极管时，红表笔接二极管的负极，黑表笔接二极管的正极，其正向电阻应当很小，表笔互换测得的反向电阻应当很大，这表明二极管工作正常。如果正、反向电阻都很小，则表明二极管内部已经短路；如正、反向电阻都很大，则说明二极管内部已经断路。通过测量二极管的正反向电阻值，也可以判断二极管的正负极性。当正向阻值很小时，黑表笔端为二极管的正极，如测得阻值很大时，红表笔端为其正极。

二、三极管的认识与检测

（1）三极管的构成

三极管是由三块半导体有机地结合在一起组成两个 PN 结，然后用 3 条金属导线从三块半导体分别引出，再用绝缘物质封装。

（2）三极管的分类

三极管的分类有多种方式，按导电结构可分为 NPN 型和 PNP 型；按工作频率可分为低频管和高频管；按耗散功率大小可分为小功率管和大功率管；按所用的半导体材料可分为硅管和锗管；按用途可分为放大管和开关管。无论哪一种三极管，其外形一般都有 3 个电极，有些高频三极管或开关管有 4 个电极。图 3-8 为各种类型的三极管实物图。

（3）三极管的检测

首先找出基极，并判定管型（NPN 或 PNP）。对于 PNP 型三极管，C、E 极分别为其内部两个 PN 结的正极，B 极为它们共同的负极，而对于 NPN 型三极管而言，则正好相反：C、E 极分别为两个 PN 结的负极，而 B 极则为它们共用的正极，根据 PN 结正向电阻小反向电阻大的特性就可以很方便地判断基极和三极管的类型。具体方法如下：将指针式万用表打在R×100或R×1k挡上，红表笔接触某一管脚，用黑表笔分别接另外两个管脚，这样就可得到三组读数（每组两次），当其中一组两次测量都是几百欧的低阻值时，若公共管脚是红表笔，所接触的是基极，则三极管的管型为PNP型；若公共管脚是黑表笔，所接触的也是基极，则三极管的管型为NPN型。

其次可判别三极管的发射极和集电极。在判别出管型和基极后，可用下列方法来判别集电极和发射极：将万用表打在R×1k挡上，用手将基极与另一管脚捏在一起（注意不要让电极直接相碰），为使测量现象明显，可将手指湿润一下，将

图3-8　三极管实物图

红表笔接在与基极捏在一起的管脚上，黑表笔接另一管脚，注意观察万用表指针向右摆动的幅度。然后将两个管脚对调，重复上述测量步骤。比较两次测量中表针向右摆动的幅度，找出摆动幅度大的一次。对PNP型三极管，将黑表笔接在与基极捏在一起的管脚上，重复上述实验，找出表针摆动幅度大的一次，对于NPN型，黑表笔接的是集电极，红表笔接的是发射极。对于PNP型，红表笔接的是集电极，黑表笔接的是发射极。这种判别电极方法的原理是，利用万用表内部的电池，给三极管的集电极、发射极加上电压，使其具有放大能力。有手捏其基极、集电极时，就等于通过手的电阻给三极管加一正向偏流，使其导通，此时表针向右摆动幅度就反映出其放大能力的大小，因此可正确判别出发射极、集电极来。

三、场效应管的认识与检测

1. 场效应管（MOS）的认识

手机中的场效应管一般为黑色，大多数为三只脚，少数为四只脚（有两个脚相通，一般为源极S）。场效应管的外形和作用与三极管极为相似，在电路板上很难辨别它们，只有借助于原理图和印制电路图识别。场效应管有NMOS管、PMOS管两种类型，其三个电极（栅极G、源极S、漏极D）分别对应于三极管的三个电极（基极B、发射极E、集电极C）。但与三极管相比，场效应管具有很高的输入电阻，工作时栅极几乎不取信号电流，因此它是电压控制组件。以三极管或场效应管为核心，配以适当的阻容元件就能构成放大、振荡、开关、混频、调制等各种电路。图3-9所示为各种类型的场效应管实物图。

使用场效应管时应注意：由于场效应管的输入阻抗高，很小的输入电流就会产生很高的电压，从而导致场效应管击穿。因此，拆卸场效应管时需使用防静电的电烙铁，最好使用热风枪。另外，栅极不可悬浮，以免栅极电荷无处释放而击穿场效应管。

另外，手机中还有双场效应管封装方式，一类是单纯的两个场效应管封装在一起，还有一类是两个场效应管有逻辑关系，如构成电子开关等。

2. 场效应管的检测

可用指针式万用表来定性判断NMOS型场效应管的好坏。先用万用表R×10k挡（内

34

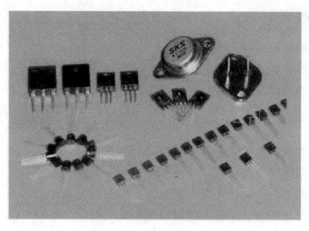

图 3-9　场效应管实物图

置有 9V 或 1.5V 电池），把负表笔（黑）接栅极（G），正表笔（红）接源极（S）。给栅极、源极之间充电，此时万用表指针有轻微偏转。再改用万用表 R×1k 挡，将负表笔接漏极（D），正表笔接源极（S），万用表指示值若为几欧姆，则说明场效应管是好的。

也可用万用表定性判断结型场效应管的电极。将万用表拨至 R×100 挡，红表笔任意接在一个管脚，黑表笔则接在另一个管脚，使第三脚悬空。若发现表针有轻微摆动，就证明第三脚为栅极。欲获得更明显的观察效果，还可以利用人体靠近或者用手指触摸悬空脚，只要看到表针作大幅度偏转，即说明悬空脚是栅极，其余两脚分别是源极和漏极。其判断理由是：JFET 的输入电阻大于 100MΩ，并且跨导很高，当栅极开路时空间电磁场很容易在栅极上，感应出电压信号，使场效应管趋于截止，或趋于导通。若将人体感应电压直接加在栅极上，由于输入干扰信号较强，上述现象会更加明显。如表针向左侧大幅度偏转，就意味着场效应管趋于截止，漏-源极间电阻 RDS 增大，漏-源极间电流 IDS 减小。反之，表针向右侧大幅度偏转，说明场效应管趋向导通，RDS 减小，IDS 增大。但表针究竟向哪个方向偏转，应视感应电压的极性（正向电压或反向电压）及场效应管的工作点而定。

在检测时需要注意两点：①试验表明，当两手与 D、S 极绝缘，只摸栅极时，表针一般向左偏转，但是，如果两手分别接触 D、S 极，并且用手指摸住栅极时，有可能观察到表针向右偏转的情形，其原因是人体几个部位和电阻对场效应管起到偏置作用，使之进入饱和区；②也可用舌尖舔住栅极，现象同上。

任务三　手机贴片分立元器件的拆焊与焊接

手机电路中的分立元器件主要包括电阻、电容、电感、晶体管等。由于手机体积小、功能强大，电路比较复杂，决定了这些元器件必须采用贴片式（SMD）安装，贴片式元器件与传统的通孔元器件相比，贴片元器件安装密度高，减少了引线分布的影响，增强了抗电磁干扰和射频干扰能力。对于分立元器件一般使用热风枪进行拆焊和焊接（拆焊和焊接时也可使用电烙铁）。在拆焊和焊接时一定要掌握好风力、风速和方向，若操作不当，不但会将元器件吹跑，而且还会将周围的元器件也吹动位置或吹跑。

一、焊接工具的准备

拆焊分立元器件前要准备好以下工具：

热风枪：用于拆焊和焊接分立元器件。

电烙铁：用于拆焊、焊接或补焊分立元器件。

镊子：拆焊时将分立元器件夹住，焊锡熔化后将分立元件取下；焊接时用于固定分立元器件。

带灯放大镜：便于观察分立元器件的位置。

手机维修平台：用于固定电路板。维修平台应可靠接地

防静电护腕：戴在手上，防止人身上的静电损坏手机元器件。

小刷子、吹气球：用于将分立元器件周围的杂质吹跑。

助焊剂：将助焊剂加入元器件周围便于拆焊和焊接。

无水酒精或天那水：清洁线路板时使用。

焊锡：焊接时使用。

1. 热风枪

热风枪是用来拆卸集成块和片状元器件的专用工具。其特点是防静电，温度可调节，不易损坏元器件，如图 3-10 所示。

使用热风枪时应注意以下几点。

① 温度旋钮和风量旋钮的选择要根据不同集成组件的特点，以免温度过高损坏组件或风量过大吹丢小的元器件。

② 用热风枪吹焊 SOP、QFP 和 BGA 封装的片状元器件时，初学者最好先在需要吹焊的集成块四周贴上条形纸带，这样可以避免损坏其周围元器件，如图 3-11 所示。

图 3-10　热风枪

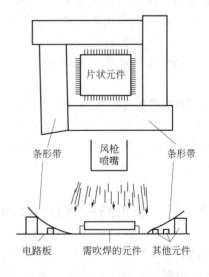

图 3-11　热风枪吹焊片状元件

③ 注意吹焊的距离适中。距离太远吹不下来元器件，距离太近又会损坏元器件。

④ 风嘴不能集中于一点吹，应按顺时针或逆时针的方向均匀转动手柄，以免吹鼓、吹裂元件。

⑤ 不能用热风枪吹接插件的塑料部分。

⑥ 不能用热风枪吹灌胶集成块，应先除胶，以免损坏集成块或板线。

⑦ 吹焊组件要熟练准确，以免多次吹焊损坏组件。

⑧ 吹焊完毕时，要及时关闭热风枪，以免持续高温降低使用寿命。

2. 电烙铁

防静电调温电烙铁常用于手机电路板上电阻、电容、电感、二极管、晶体管、CMOS器件等引脚少的贴片分立元器件的焊接与拆焊。防静电调温电烙铁如图 3-12 所示。

使用时应注意以下几点。

① 使用的防静电调温电烙铁确认已经接地，这样可以防止工具上的静电损坏手机上的精密元器件。

② 应该调整到合适的温度，不宜过低，也不宜过高。用烙铁做不同的操作，如清除或焊接的时候，以及焊接不同大小的元器件的时候，应该相应地调整烙铁的温度。

③ 及时清理烙铁头，防止因为氧化物和碳化物损害烙铁头而导致焊接不良，定时给烙铁上锡。

④ 对于引脚较少的片状元器件的焊接与拆焊，常采用轮流加热法。如图 3-13 所示。

⑤ 烙铁不用的时候应当将温度旋钮旋至最低或关闭电源，防止因为长时间的空烧损坏烙铁头。

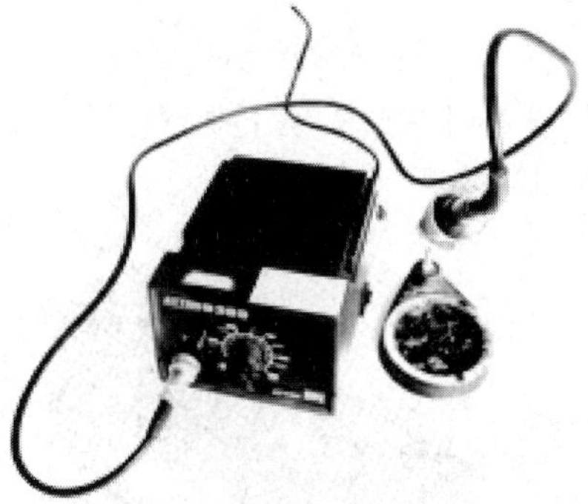

图 3-12 防静电调温电烙铁图

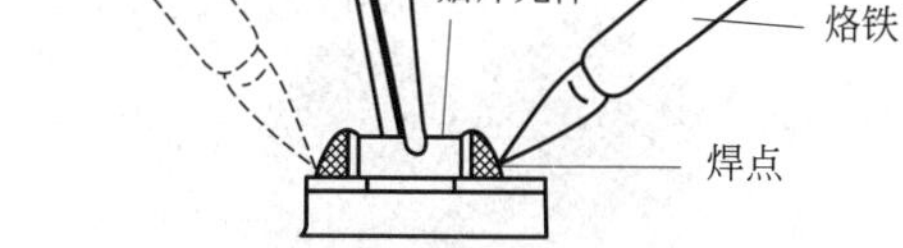

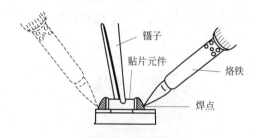

图 3-13 轮流加热法

3. 维修平台

维修平台用于固定电路板。在焊接与拆焊手机电路板上的元器件时，需要固定电路板，否则拆装组件极不方便。利用仪器检测电路时，也需固定电路板，以便表笔准确地接触到被测点。维修平台的一侧是夹子，一侧是卡子；也有两侧都是卡子的，卡子采用永久性磁体，可以在金属维修平台上任意移动被卡电路板的位置，这样便于焊接与拆焊电路板的元器件和检测电路板的正反面。维修平台如图 3-14 所示。

4. 焊料

焊料包括焊锡丝、助焊剂。焊锡丝作用是在熔化时将两种相同或不同的被焊金属连接到一起。如图 3-15 所示。助焊剂有松香和焊锡膏，实物图如图 3-16 和图 3-17 所示。松香在手机中的元器件焊接过程中起清除氧化剂和杂质的作用；焊锡膏的黏性提供了一种黏结能力，在元器件与焊盘形成永久的冶金结合以前，元器件可以保持在焊盘上而无需加其他的黏结剂。焊锡膏的金属特性提供了相对高的电导率和热导率。

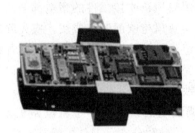

图 3-14　维修平台

图 3-15　焊锡丝　　　　　　　　　　　　　图 3-16　松香

5. 带灯放大镜

　　带灯放大镜一方面为手机的维修起照明作用，另一方面可在放大镜下观察电路板上的元器件是否有虚焊、鼓包、变色和被腐蚀等。带灯放大镜实物如图 3-18 所示。

图 3-17　焊锡膏　　　　　　　　　　　　　图 3-18　带灯放大镜

二、用热风枪进行分立元器件的拆焊与焊接操作

1. 分立元件的拆焊

　　① 在用热风枪拆焊分立元器件之前，一定要将手机电路板上的备用电池拆下（特别是备用电池离所拆元器件较近时），否则，备用电池很容易受热爆炸，对人身构成威胁。

　　② 将电路板固定在手机维修平台上，打开带灯放大镜，仔细观察欲拆卸的分立元器件的位置。

③ 用小刷子将元器件周围的杂质清理干净，往元器件上加注少许助焊剂。

④ 安装好热风枪的细嘴喷头，打开热风枪电源开关，调节热风枪温度开关至 2～3 挡，风速开关至 1～2 挡。

⑤ 一只手用镊子夹住分立元件，另一只手拿稳热风枪手柄，使喷头与欲拆焊元件保持垂直，距离为 2～3cm，沿元器件均匀加热，喷头不可触元件。待元器件周围焊锡熔化后用镊子将元器件取下。

2. 分立元件的焊接

① 用镊子夹住欲焊接的分立元器件放置到焊接的位置，注意要放正，不可偏离焊点。若焊点上焊锡不足，可用电烙铁在焊点上加注少许焊锡。

② 打开热风枪电源开关，调节热风枪稳定开关至 2～3 挡，风速开关至 1～2 挡。使热风枪的喷头与欲焊接的元件保持垂直，距离为 2～3cm，沿元件上均匀加热。待元器件周围焊锡熔化后移走热风枪喷头。

③ 焊锡冷却后移走镊子。

④ 用无水酒精或天那水将元器件周围清理干净。

三、用电烙铁进行分立元器件的拆焊和焊接操作

防静电电烙铁也可用于手机电路板上贴片分立元器件的拆焊与焊接。

1. 分立元器件的拆焊

若待拆焊分立元器件周围的元器件不多，可采用轮流加热法，用防静电调温电烙铁在元器件的两端各加热 2～3s 后快速在元器件两端来回移动，同时握电烙铁的手稍用力向一边轻推，即可拆下元器件。若周围的元器件较密，可用左手持镊子轻夹元器件中部，用电烙铁充分熔化一端焊锡后快速移至元器件的另一端，同时左手稍用力向上提，这样当一端的焊锡充分熔化尚未凝固而另一端也熔化时，左手的镊子即可将其拆下。

2. 分立元器件的焊接

换新元器件之前应确保焊盘清洁，先在焊盘的一端上锡（上锡不可过多），再用镊子将元器件夹住，先焊接焊盘上锡的一端，然后再焊另一端，最后用镊子固定元器件，并把元器件两端镀上适量的锡加以修整。

任务四　手机贴片元器件的认识、检测及拆装实训

1. 实训目的

① 掌握手机电阻、电容、电感的识别技能，能对手机电阻、电容、电感进行简单检测。

② 掌握手机半导体元件的识别技能，能对手机半导体元件进行简单检测。

③ 掌握手机贴片元器件的拆焊和焊接方法，能够熟练使用热风枪和防静电调温电烙铁。

2. 实训器材与工作环境

① 手机主要元器件、手机主板若干，具体种类、数量由指导教师根据实际情况确定。

② 数字、模拟万用表各一只。

③ 手机维修平台、热风枪、防静电调温电烙铁各一台。

④ 建立一个良好的工作环境。

3. 实训内容

① 识别手机主板上的电阻、电容、电感及半导体元件。

② 拆焊手机主板上的电阻、电容、电感及半导体元件，仔细观察电阻、电容、电感及半导体元件特点（颜色、标识、引脚等），并做简单检测。

③ 元器件复位焊接。

4. 实训报告

根据实训内容，完成手机电阻、电容、电感、半导体元件识别与检测、拆焊与焊接实训报告。

项目四　手机集成电路的认识、检测及拆装

■ 知识目标

① 熟悉集成电路的封装和分类；
② 了解稳压块、VCO 组件和时钟电路的功能。

■ 能力目标

① 掌握稳压块、VCO 组件和时钟电路的检测方法；
② 熟练使用热风枪和防静电电烙铁拆焊和焊接集成电路。

任务一　手机集成电路的封装

集成电路是采用一定的工艺，把一个电路中所需的晶体管、二极管、电阻、电容和电感等元件及布线互联在一起，制作在一小块或几小块半导体晶片或介质基片上，然后封装在一个管壳内，成为具有一定电路功能的微型结构。其中所有元件在结构上已组成一个整体，这样整个电路的体积大大缩小，且引出线和焊接点的数目也大为减少，在电路中用字母"IC"表示。

一、集成电路的封装

IC 的封装形式各异，用得较多的表面安装集成 IC 的封装形式有：小外型封装（SOP）、四方扁平封装（QFP）和栅格阵列引脚封装（BGA）等。

（1）SOP 封装

SOP 封装引脚数目多在 28 个以下，且分布在芯片两边。打点或带小坑指示处为 1 脚，引脚按逆时针方向排列依次是 2 脚、3 脚、4 脚等。手机中的电子开关、频率合成器、功率放大器、功率控制等芯片多采用此类封装。

如图 4-1 所示为 SOP 封装的 IC 和其对应的框图。

（2）QFP 封装

QFP 封装适用于高频电路和引脚较多的模块，该模块四边都有引脚，其引脚数目较多，引脚排列是以带点或带小坑为 1 脚，按逆时针方向排列。如果 IC 表面无任何标志，那么把 IC 表面字体放置在正方向，这样，左下角第一个引脚为第 1 脚。如许多中频模块、数据处理器、音频模块、微处理器、电源模块等都采用 QFP 封装。如图 4-2 是 QFP 封装芯片和其对应的框图。

（3）BGA 封装

BGA 是一个多层的芯片载体封装，引脚在芯片的底部，引线按阵列形式排列，其引

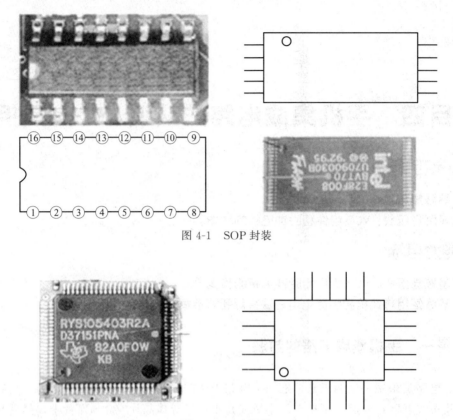

图 4-1　SOP 封装

图 4-2　QFP 封装

脚按行线、列线来区分，所以引脚的数目远远超过引脚分布在封装外围的封装。整个底部直接与 PCB 版连接，而且用的不是引脚而是焊锡球。由于周围的引脚消失了，既缩小了在 PCB 板上占用的空间，又使厚度减小。如：手机上的 CPU、字库、暂存等芯片均采用此类封装。如图 4-3 所示为几种 BGA 封装芯片。手机中 BGA 封装集成电路引脚的区分方法如下。

图 4-3　几种 BGA 封装芯片

① 将 BGA 芯片平放在桌面上，先找出 BGA 芯片的定位点，在 BGA 芯片的一角一般会有一个圆点，或者在 BGA 内侧焊点面会有一个角与其他三个角不同，这个就是 BGA 的定位点。

② 以定位点为基准点，从左到右的引脚按数字 1、2、3……排列。从上到下按 A、B、C、D……排列。

二、集成电路的检测

由于芯片有很多引脚，外围组件又多，所以要判断 IC 的好坏比较困难，通常采用在线测量法、触摸法、观察法、元器件置换法和对照法等。

任务二　稳压块、VCO 组件、时钟电路的认识与检测

一、稳压块的认识与检测

1. 稳压块的认识

稳压块主要用于手机的各种供电电路，为手机正常工作提供稳定的、大小合适的电压。应用较多的主要有 5 脚和 6 脚稳压块。5 脚和 6 脚稳压块管脚排列如图 4-4 所示。当控制脚为高电平时，输出脚有稳压输出。一般在稳压块表面标明输出电压标称值，例如"28P"或"P28"表示输出电压是 2.8V。

图 4-4　5 脚和 6 脚稳压块管脚排列图

稳压块的实物图如图 4-5 所示。

图 4-5　稳压块实物图

2. 稳压块的检测

手机稳压块的检测常用在线测量法、触摸法、观察法、按压法、元件置换法等。其中在线测量法检测较为准确。

二、VCO 组件的认识与检测

1. VCO 组件的认识

在手机电路中，越来越多的 UHFVCO 及 VHFVCO 电路采用一个组件，构成 VCO 电路的器件被封装在一个屏蔽罩内，简化了电路，并方便维修。组成 VCO 电路的元件包含

电阻、电容、三极管、变容二极管等。VCO 大多采用 SON 封装方式（即引脚在组件下面），这样既简化了电路，又减小了外界对 VCO 电路的干扰。VCO 组件实物如图 4-6 所示。

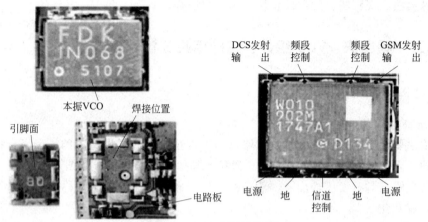

图 4-6　VCO 组件实物图

单频手机中的 VCO 组件一般有 4 个引脚：输出端、电源端、控制端及接地端。不同手机中 VCO 组件脚位功能可能不一样，但它们是有规律可循的。若 VCO 组件上有一个小的方框或一个小黑点标记，则该 VCO 组件各端口的功能通常如图 4-7(a) 所示；若 VCO 组件上有一个小圆圈的标记，则该 VCO 组件各端口的功能通常如图 4-7(b) 所示。

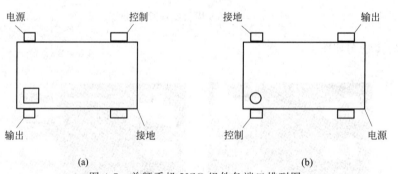

图 4-7　单频手机 VCO 组件各端口排列图

若 VCO 是双频 VCO 组件，也有标记为一个小黑点，则该 VCO 端口功能如图 4-8 所示。还有一些 VCO 组件的表面就表明了该 VCO 组件就是一个双频 VCO。

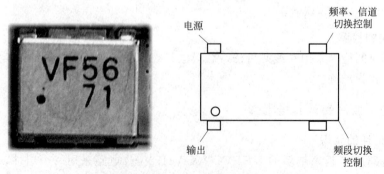

图 4-8　部分双频手机 VCO 组件

2. VCO 组件的检测

VCO 组件引脚的检测方法是：接地端的对地电阻为 "0"；电源端的电压与该机的射频电压很接近；控制端一般接有电阻器或电感器；在待机状态下或按 "112" 启动发射电路时，该端口有脉冲控制信号，余下的便是输出端（可用频谱分析仪测试这些端口有无射频信号输出，有射频信号输出的就是输出端）。

三、时钟电路的认识

1. 基准频率时钟电路的认识

在 GSM 手机众多的元器件中，有一个不可缺少的器件，就是 13MHz 振荡器及产生 13MHz 时钟的电路，它在手机中用于产生锁相环的基准频率和主时钟信号，它的正常工作为手机系统正常开机和正常工作提供了必要条件。这个器件所引发的故障在手机故障中占有很大的比例，尤其是摔坏的手机更易引起该电路的损坏。不同手机采用的 13MHz 振荡器及基准频率时钟电路，基本上都因品牌不同而有所不同。

手机 13MHz 信号的产生可分为两大类。

（1）采用谐振频率为 13MHz 的石英晶体振荡器

如摩托罗拉和爱立信手机的基准频率始终电路基本上都是由一个晶体振荡器和中频模块内的部分电路一起构成一个振荡电路。该石英晶体也靠近中频模块，该类型的 13MHz 信号通常会经中频模块处理后才将信号送到频率合成电路和逻辑电路。它们所使用的石英晶体通常如图 4-9 所示。

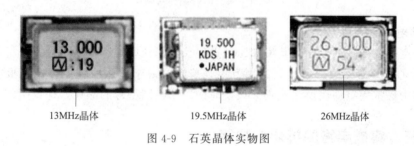

13MHz晶体　　　　19.5MHz晶体　　　　26MHz晶体

图 4-9　石英晶体实物图

（2）采用 VCO 组件形式

如诺基亚、松下和三星等手机的基准频率始终电路通常是由一个 VCO 组件构成一个独立的电路，该 13MHz 信号经缓冲放大后直接送到频率合成电路和逻辑电路，如图 4-10 所示。

图 4-10　基准频率时钟 VCO 组件实物图

13MHz 石英晶体振荡器和 13MHz VCO 组件上面一般标有"13"字样。有一些机型，如摩托罗拉 V998、L2000、诺基亚 8850 手机等，使用的 VCO 振荡频率是 26MHz；而三星 GSM 型 A188、A100 等手机使用的 VCO 振荡频率是 19.5MHz；CDMA 型手机常采用 19.68MHz 振荡频率。在手机电路中，晶体振荡电路受逻辑电路 AFC 信号的控制。

该 VCO 组件有 4 个端口：输出端、电源端、AFC 控制端及接地端。判断该 VCO 组件的端口很容易：接地端对地电阻为"0"，电源端的电压与该机的射频电压很接近；用示波器或频率计检测余下的两个端口，有频率始终信号输出的就是输出端；控制端的电压通常在电源端电压的 1/2 左右，端口一般接有电阻、电容或电感元件。

2. 实时时钟晶体的认识

在手机电路中，实时时钟信号通常由一个 32.768kHz 的石英晶体产生。在该石英晶体的表面大多数都标有 32.768 的字样，如图 4-11 所示。该晶体损坏，会造成手机无时间显示的故障。实时时钟在电路中的符号用晶体的图形符号加标注来表示（这些标注通常有 32.768、SLEEPCLK 等）。当然，该晶体还有其他形状，但比较好辨认，例如也有与 13MHz 晶体相同外形的实时时钟晶体。

图 4-11　实时时钟晶体实物图

3. 时钟电路的检测

晶体受震动或受潮都会导致其损坏、频点偏移或损耗增加。可以用频谱分析仪准确检测其 Q 值、中心频点等参数。晶体无法用万用表检测，由于晶体引脚少，代换很容易，因此在实际操作中，常用组件代换法鉴别。代换时注意用相同型号的晶体，保证引脚匹配。

任务三　集成电路的拆焊与焊接

手机贴片安装的 IC 主要有小外型（SOP）封装和四方扁平型（QFP）封装两种。这些贴片的拆焊和焊接都必须使用热风枪或防静电调温电烙铁才能将其拆卸或焊接。和手机中的分立元件相比，由于这些贴片集成电路相对较大，拆卸和焊接时可将热风枪、防静电调温电烙铁的温度调得高一些。

一、用热风枪进行 SOP 和 QFP 封装 IC 拆焊与焊接

1. SOP 和 QFP 封装 IC 的拆焊

① 用热风枪拆焊贴片 IC 之前，一定要将手机电路板上的备用电池拆下，否则，备用电池很容易受热爆炸，对人身构成威胁。

② 将电路板固定在手机维修平台上，打开带灯放大镜，仔细观察欲拆焊 IC 的位置和方位，并做好记录，以便焊接时恢复。

③ 用小刷子将贴片 IC 周围的杂质清理干净，往贴片 IC 管脚周围加注少许助焊剂。

④ 调好热风枪的温度和风速。温度开关一般调制 3～5 挡，风速开关调制 2～3 挡。

⑤ 用单喷头拆卸时，应注意使喷头和所拆 IC 保持垂直，并沿 IC 周围管脚慢速旋转，均匀加热，喷头不可触及 IC 及周围的外围元件，吹焊的位置要准确，且不可吹跑集成电路周围较小的元器件。

⑥ 待集成电路的管脚焊锡全部熔化后，用医用针头或镊子将 IC 掀起或镊走，且不可用力，否则，极易损坏 IC 的锡箔。

2. SOP 和 QFP 封装 IC 的焊接

① 将焊接点用平头烙铁整理平整，必要时，对焊锡较少的焊点应进行补锡，然后，用酒精清洁干净焊点周围的杂质。

② 将更换的 IC 和电路板上的焊接位置对好，用带灯放大镜进行反复调整，使之完全对正。

③ 先用电烙铁焊好 IC 的四脚，将 IC 固定，然后，再用热风枪吹焊四周。焊好后应注意冷却，不可立即去动 IC，以免其发生位移。

④ 冷却后，用带灯放大镜检查 IC 的管脚有无虚焊，若有，应用尖头电烙铁进行补焊，直至全部正常为止。

⑤ 用无水酒精将 IC 周围清理干净。

二、用防静电调温电烙铁对 SOP 和 QFP 封装 IC 拆焊和焊接

当 IC 周围元器件较密时，使用热风枪容易将电路板其他贴片器件烫脱落，可用防静电调温电烙铁对 SOP 和 QFP 封装的 IC 拆焊和焊接。

1. SOP 和 QFP 封装 IC 的拆焊

（1）漆包线拆焊法

用一根漆包线，将漆包线一头从 IC 的一列管脚中穿出，将防静电调温电烙铁温度调到 350℃，从 IC 第一脚开始拆焊，同时用漆包线往外拉，则可将 IC 的一列管脚焊下来。完成后仔细检查管脚是否全部都脱离焊点。

（2）防静电调温电烙铁毛刷配合拆焊法

先用防静电调温电烙铁加热 IC 引脚上的焊锡，融化后，用一把毛刷快速扫掉溶化的焊锡。使 IC 的引脚与印制板分离。此方法可分脚进行也可分列进行。最后用镊子或小一字螺丝刀撬下 IC 即可。

（3）增加焊锡融化拆焊法

此方法比较适合于 SOP 封装 IC 的拆焊。首先给待拆焊的 IC 引脚上再增加一些焊锡，使每列引脚的焊点连接起来，以利于传热，便于拆焊。拆焊时用电烙铁每加热一列引脚就用镊子或小一字螺丝刀撬一撬，两列引脚轮换加热，直到拆下为止。

2. SOP 和 QFP 封装 IC 的焊接

① 在焊接之前，用防静电调温电烙铁先在焊盘上涂上助焊剂，以免焊盘镀锡不良或被氧化。

② 用镊子将待焊接 IC 放到电路板上，使其与焊盘对齐，并保证放置方向正确。把电烙铁的温度调到 300℃左右，焊接 IC 两个对角位置上的引脚，使 IC 固定而不能移动。

③ 开始焊接所有的引脚时，要保持烙铁尖与被焊引脚并行，防止因焊锡过量发生搭接。

④ 焊完所有的引脚后，用助焊剂浸湿所有引脚以便清洗焊锡。最后用镊子和带灯放大镜检查是否有虚焊，检查完成后，将硬毛刷浸上酒精沿引脚方向仔细擦拭，将电路板上助焊

剂清除。

三、手机 BGA 封装 IC 的拆焊和焊接

BGA 封装 IC 的引脚在芯片的底部，由于引脚的不可见性，使得 BGA 封装 IC 的拆焊和焊接难度较大。

1. 焊接工具

拆焊手机 BGA 芯片前要备好以下工具。

① 热风枪。

② 防静电调温电烙铁。

③ 镊子。

④ 手机维修平台。

⑤ 防静电腕带。

⑥ 毛刷。

⑦ 植锡工具。是对 BGA 封装 IC 引脚进行植锡的必备工具，包含如下几种。

a. 植锡板。用来为 BGA 封装的 IC 芯片"种植"锡脚的工具，如图 4-12 所示。BGA 芯片的植锡板采用的是激光打孔的具有单面喇叭型网孔的钢片，钢片厚度要求为 2mm，并要求孔壁光滑整齐，喇叭孔的下面（接触 BGA 的一面孔）应比上面（挂锡进去小孔）大 10～15μm，如图 4-13 所示。

图 4-12　植锡板

b. 刮刀。用于将锡浆薄薄地、均匀地填充于植锡板的小孔中。

c. 锡浆和助焊剂。锡浆是用来做焊脚的，建议使用瓶装的锡浆。助焊剂对 IC 和电路板没有腐蚀性，因为其沸点仅稍高于焊锡的熔点，在焊接时焊锡熔化不久便开始沸腾吸热气化，可使 IC 和电路板的温度保持在这个温度而不被烧坏。

d. 清洗剂。使用无水酒精或天那水作为清洗剂，对松香助焊膏等有极好的溶解性。注意，长期使用天那水对人体有害。

2. BGA 封装 IC 的拆焊

（1）BGA 封装 IC 的定位

在拆卸 BGA 封装的 IC 之前，一定要搞清 IC 的具体位置，以方便后面的焊接安装。在一些手机的电路板上，事先印有 BGA 封装 IC 的定位框，这种 IC 的焊接定位一般不成问题。下面，主要介绍电路板上没有定位框的情况下 IC 的定位方法。

① 画线定位法。拆下 IC 之前用笔在 BGA 封装 IC 周围画好线，记住方向，作好记号，为重焊作准备。

② 目测法。拆卸 BGA 封装 IC 前，先将 IC 竖起来，这时就可以同时看见 IC 和电路板上的引脚，先横向比较一下焊接位置，再纵向比较一下焊接位置。记住 IC 的边缘在纵横方向上与电路板上的那条线重合或与哪个元件平行，然后根据目测的结果按照参照物来定位 IC。

（2）BGA 封装 IC 的拆焊

① 在 IC 上面放适量的助焊剂，即可防止干吹，又可帮助芯片底下的焊点均匀熔化，不会伤害旁边的元器件。

② 调节热风枪温度至 280～300℃，风速开关调至 2 挡（对于无铅产品，风枪温度为 310～320℃），在芯片上方约为 2.5cm 处作螺旋状吹，直到 IC 底下的锡珠完全熔解，用镊子轻轻托起 IC。

③ 对于有封胶的 BGA 封装 IC，在无溶胶水的情况下，可先用热风枪对着封胶的 IC 四周吹焊，把 IC 的每个脚位都融化，在热风枪慢慢地转着吹的同时，用刮刀往 IC 底下撬，可将 IC 与电路板分离。如果刮刀太厚，可用手术刀或剃须刀代替。

④ 取下 IC 后，焊盘和手机电路板上都有余锡，此时在电路板上加足的助焊剂，用防静电调温电烙铁将电路板上多余的焊锡去除，并适当上锡使电路板的每个焊脚光滑圆润。

3. BGA 封装 IC 的植锡

① 清洗。首先在 IC 的锡脚面加上适量的助焊剂，用电烙铁将 IC 上的残留焊锡去除，然后用无水酒精或天那水清洗干净。

② 固定。可以使用维修平台的凹槽来定位 IC，也可以简单地采用双面胶将 IC 粘在桌子上来固定。

③ 上锡。选择稍干的锡浆，用刮刀挑适量锡浆到植锡板上，用力往下刮，边刮边压，使锡浆薄薄地、均匀地填充于植锡板地小孔中，上锡过程中要注意压紧植锡板，不要让植锡板和芯片之间出现空隙，以免影响上锡效果。整个擦作过程如图 4-13 所示。

④ 吹焊植锡。将植锡板固定到 IC 上面，然后把锡浆刮印到 IC 上面压紧植锡板，将热风枪风量调大，温度调至 350℃ 左右，摇晃风嘴对着植锡板缓缓均匀加热，使锡浆慢慢熔化。当看见植锡板的个

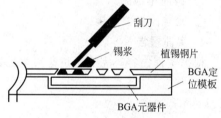

图 4-13　BGA 封装 IC 植锡操作

别小孔中已有锡球生成时，说明温度已经到位，这时应当抬高热风枪的喷嘴，避免温度继续上升。过高的温度会使锡浆剧烈沸腾，造成植锡失败，严重的还会使 IC 过热损坏。锡球冷却后，再将植锡板与 IC 分离。这种方法的优点是一次植锡后，若有缺脚，或者锡球过大或过小，可进行二次处理，特别适合新手使用。

4. BGA 封装 IC 的焊接

① 焊接前对 BGA 封装 IC 进行定位。

② 先将 IC 有焊脚的一面图上适量的助焊剂，用热风枪轻轻吹一吹，使助焊剂均匀分布于 IC 的表面，为焊接作准备。再将植好锡球的 IC 按拆焊前的定位位置放到电路板上，同时，用手或镊子将 IC 前后左右移动并轻轻加压，这时可以感觉到两边焊脚的接触情况。对准后，因为事先在 IC 的脚上涂上一点助焊剂，有一点黏性，IC 不会移动。

③ BGA IC 定位好后，即可进行焊接。同植锡时一样，把热风枪调节至合适的风量和温度，让风嘴中央对准 IC 的中央位置，缓慢加热。当看到 IC 往下一沉且周围有助焊剂溢出，

说明锡球已和电路板上的焊点融合在一起。这时可以轻轻晃动热风枪使加热均匀充分，由于表面张力的作用，IC 与电路板的焊点之间会自动对准定位。注意在加热过程中切勿用力按住 IC，否则会使焊锡外溢，极易造成脱脚和短路。

④ 借助带灯放大镜对已焊到电路板上的 BGA 封装 IC 进行检查。主要是检查 IC 是否对准、角度是否相对应、与电路板是否平行、有无从周边溢出焊锡、短路等。如有，则都要重新拆焊。

任务四　手机集成电路的认识、检测及拆装实训

1. 实训目的

① 掌握手机常用集成电路识别技能。

② 掌握手机集成电路的拆焊和焊接方法，能够熟练使用热风枪和防静电调温电烙铁。

2. 实训器材与工作环境

① 手机主要元器件、手机主板若干，具体种类、数量由指导教师根据实际情况确定。

② 数字、模拟万用表各一只。

③ 手机维修平台、热风枪、防静电调温电烙铁各一台。

④ 建立一个良好的工作环境。

3. 实训内容

① 手机常用集成电路的识别。

② 拆焊手机常用集成电路，仔细观察手机常用集成电路的特点（颜色、标识、引脚等），并做简单检测。

③ 元器件复位焊接。

4. 实训报告

根据实训内容，完成手机集成电路的识别与检测、拆焊与焊接实训报告。

项目五　手机故障维修基本方法

■　知识目标

① 熟悉各种常见的手机故障现象；
② 熟悉多种常用的手机故障检测方法；
③ 熟悉常用手机故障检修的仪器设备的原理。

■　能力目标

① 掌握用不同方式排查手机故障的能力；
② 掌握各类仪器仪表在故障维修中的使用技巧；
③ 排查手机故障过程中能够将各种方法手段融会贯通。

该工作项目主要介绍维修手机时常用的故障检测检修方法以及相关检测维修仪器设备的使用方法，学生通过相关知识学习和训练，能够掌握基本手机故障的排查技巧。应当指出，手机维修的基本方法很多，但应遵循"先外后内、先清洗补焊，后维修、先静态后动态"的基本原则。

任务一　手机维修常用方法

一、观察法

手机在受到外力时，如摔、挤压、弯折等情况下，容易使外壳变形，损坏外部功能装置，甚至内部元件。因此当手机出现故障时，应先观察机壳是否受损，利用手机面板的功能键进行开机或是拨打电话的操作，观察手机反应，例如按键失灵、无法开机、开机无信号、受话器无声音等常见故障，都可以直接观察到，从而能够推断出手机的大致故障范围。然后可观察主板电路及内部元件是否有损坏，如主板是否有断裂，电路是否有氧化，元件有无变形、脱落、脱焊等现象。

手机发生故障，通常表现为开关机不正常、无法接入网络、无法接打电话、按键不起作用、手机屏显示异常等。使用观察法推断出大概的故障点，再对可能损坏的原件维修，能够大大提升维修工作效率。

二、清洗法

日常生活中，由于手机工作的环境和个人使用手机的习惯，使得手机很容易进水受潮或者积攒灰尘，导致电路短路、元件焊点氧化、触片接触不良等。尤其是手机不慎进水，或是溅入其他液体后，很容易引起电路短路和腐蚀，液体与灰尘混合后又有可能造成元件、集成

51

电路块引脚的粘联，导致各种故障发生。不少故障手机，在经过清洁清洗后，都能恢复正常，因此清洗法在维修手机时较为常用。

手机清洗通常使用专用的清洁剂，如无水酒精和天那水等。清洁时，可用棉签蘸取清洁剂擦拭需要清洁的元件，一般像电池弹片、振铃弹片、SIM卡卡座等都是主要清洁部位。清洗主板电路可用超声波清洁器清洗，但要注意显示屏、受话器、送话器不能用清洁器清洗。

三、补焊法

随着技术的发展，手机功能的不断增强，手机尤其是智能手机内部的集成程度越来越高，结构越来越复杂，元器件基本上都采用表面贴片技术焊接，元件越来越小，电路密集度越来越高，因而电路的焊点非常小。当手机受到外力影响时，如受到挤压或比较剧烈的震动时，元件焊点极易脱落松动，发生所谓"虚焊"故障，这时用电烙铁焊一下，用热风枪吹一吹就能解决问题。

补焊法就是通过对手机故障状态的分析判断，找出有可能出现问题的模块，再对该模块大面积补焊，即模块相关的元器件、集成电路块、功能器件的焊点逐一补充焊接。使用补焊法时要注意，热风枪的出风温度不易太高，不能所有的元部件都用风枪吹，对于集成块或者灌胶的元件补焊时要特别小心，否则极易引起软件故障。

四、替换法

顾名思义，替换法就是指用性能完好的元器件替换可能损坏元件的方式查找故障的方法。如果替换后故障消失，则被替换的元器件已经损坏，否则继续检查其他可能故障点。替换法的特点非常直观简单，特别适合维修初学者判断故障位置。

用替换法检测故障虽然简单便捷，但是在检测时应尽量缩小故障的范围，确认发生故障的原因，尽可能减少不必要的拆焊，反复拆焊很有可能损坏周围的其他元器件，或者损坏印制电路板。例如，在替换集成电路块之前，可利用观察法仔细检查集成块周围的电路和焊点，是否有腐蚀、短路、污损粘连等情况，最好不要一上来就盲目拆换电路块。

五、飞线法

飞线法是指利用特殊导线跨越手机电路中的某一元器件，或是断线部分，来判断被短接的部分是否出现故障的检测维修方法。飞线法特别适合用来解决如电路板过孔腐蚀烂线、电路断路等故障的确认。例如，如果怀疑手机电路中的某个滤波器出现故障时，就可以用漆包线或者用一个大电容短接滤波器的两端，让信号直接越过滤波器部分，耦合至后面一级电路部分，通过示波器观察信号状态，以判断滤波器是否损坏。

飞线法用的导线可以是表面绝缘的漆包线，有时也可以用比较大的电容或是电感元件短接故障器件。飞线法的优点是，在检测维修故障的过程中不用拆换电路中的原件，因而在实际维修中使用十分广泛。但要特别注意的是，如果射频电路发生故障，通常不应使用飞线法，否则容易引起电路分布参数的变化，影响故障的判断。

任务二　万用表测试法

万用表是电子产品维修中最常用的工具之一，合理的使用万用表可以非常简便的找出手机发生故障的范围。所谓万用表法就是用万用表检测故障手机元器件和电路部分的电阻大小、电压值、电流值或是电容量，将检测值与标准值比较后确定发生故障的元件或电路。根据要检测的参数不同，可分为电压测试法、电阻测试法、电容测试法3种。

一、电压测试法

电压测试是指在故障手机加电后，使用万用表的直流电压挡，检测故障手机的关键测试点的直流电压值，测得的值可以与参考值比较，从而确定发生故障的大致区域，然后对该区域内的元件或电路逐一排查，最终确定故障点。电压参考值可以是厂家手册给出的标准值，也可以由测试工作正常的同型号手机得到。注意，如果参考值是从正常手机测得的，那么要保证故障手机和正常手机的工作状态一致。

电压检测通常包含4方面。

（1）整机供电是否正常

大部分手机通常使用专用的电源芯片提供整机供电电压，开机后产生多组不同电压值，供手机中不同的功能部分使用。有些情况下，功能电路部分无法正常工作是由于电源部分提供的电压不符合标准引起的，维修时可先检测电源电路输出的各路电压值是否正常，来判断是电源问题还是功能电路部分故障。

（2）接收电路供电是否正常

如低噪声射频放大电路、混频电路、中频放大电路的偏置电压是否正常，接收本振电路的供电是否正常等。

（3）发射电路供电是否正常

如发射本振电路、激励放大电路、功放电路的供电是否正常。

（4）集成电路的供电是否正常

手机中的集成芯片功能多已模块化，一块芯片同时具备多项功能，因而同一块芯片完成不同作用时所需的供电电压也不尽相同，所以检查芯片电压一定要全面。

二、电阻测试法

电阻测试法安全可靠，简单易行，在手机维修中较为常见。该方法主要是利用万用表的电阻挡，测量怀疑损坏的元器件的对地电阻，通常采用"黑测"的方式，即黑表笔接在手机电路或元件的测量点，红表笔接地，测得直流电阻后与标准电阻值比较，从而确定元件是否损坏。如果检测的电路部分包含二极管等器件时，应在测量时正反交换测量两次。

电阻测试法是检测故障的常用方法，尤其对于检测受话器、振动器、送话器等故障，以及电路间是否有短路、断路现象十分有效。例如，怀疑某手机的振动器出现故障，可使用电阻测试法检测振动器两个引脚间的电阻，如与正常标准值相同或接近，则振动器工作正常，否则表明振动器内部可能有短路，需要更换。

三、电容测试法

电容测试法是指用万用表的电容量挡，检测手机中电容类元器件的电容值，从而判断元器件是否存在故障的方法。该方法多用在检测手机电路中的滤波器模块，如果测得电容值与图纸资料的标示差距很大，表明滤波器电容存在漏电现象，需要更换。

四、万用表使用方法

1. 指针式万用表的使用方法

指针式万用表具有指示直观、测量速度快等优点，但它的输入电阻小，误差较大，所以一般用于测量可变的电压、电流值，通过观察表头指针的摆动来看电压、电流的变化范围。

指针万用表主要由表头、测量电路元器件及转换开关组成。它的外形有便携式、袖珍式两种。标度盘、转换开关、调零旋钮、测试插孔等装在面板上，各种万用表的功能略有不同，但最基本的作用有四种：一是测试直流电流；二是测试直流电压；三是测试交流电压；四是测试直流电阻。有的万用表可以测量音频电平、交流电流、电容、电感及晶体管的 p 值等，由于这些功能的不同，万用表的外形布局也有差异。

为了用万用表测量多种电量，并且有多个量程，就必须通过测量电路的交换，把被测的量变换成磁电式表头所能接受的直流电流。万用表的功能越多，其测量电路越复杂。在测试电流，电压等的测量电路中有许多电阻器。在测试交流电压的测量电路中还包含有整流器件，在测试直流电阻的测量电路内还应有干电池作电源。

指针万用表的转换开关是用来选择不同被测量和不同量程的切换器件。它包含有若干固定接触点和活动接触点，当固定触点和活动触点闭合时就可以接通电路。其中固定触点一般称为"掷"，活动触点一般称为"刀"。旋转开关时，各刀与不同的掷闭合，构成不同的测量电路，另外，各种转换开关的刀和掷随其结构的不同而数量也各有不同。万用表常用的有四刀三掷，单刀九掷，双刀十一掷等。

(1) 一般电阻测量

万用表测量电阻时，首先应该将两根表笔短接，拧动调零电位器调零，使指针指在欧姆零位上。而且每次换挡之后也必须重新调整零电位器调零。

选择欧姆挡位时，应尽量选择被测阻值在接近表盘中心阻值读数的位置，以提高测试结果的精确度。如果被测电阻在电路板上，则应焊开一端方可测试，否则被测电阻有其他元器件分流，读数不准。测高阻值电阻时，不要两手手指分别接触表线及电阻引线，以防人体电阻分流，增加误差。阻值要求不严格的电阻，阻值在±20％内属合格，同时应注意，万用表本身一般也有±2.5％的误差。在测量时应特别注意不能在带电情况下测量电阻器。

在用万用表测量电位器时，先将红、黑表笔测量电位器两焊片，其阻值应与标称相同。然后将表笔接中心抽头及电位器任何一端，旋转电位器轴柄（如直线式电位器可移动滑动臂），如表针徐徐变动而无跌落现象，则说明阻值变化连续而平滑，该电位器正常。如果阻值变化不均匀，则可能是动片接触不良。如果阻值突变或最小阻值不够小，最大阻值不够大（未达到标称值），则可能是碳膜局部损坏。

(2) 对地电阻测量

所谓对地测量电阻，即用万用表红表笔接地，黑表笔测量被测电路的某点（如元件、集成电路各引脚等）电阻值，与正常所得的电阻值进行比较来判断故障范围的。

测量时，取一手机电路板，电阻挡位设置在 R×1k 挡，测量手机电路板某点的电阻值，并与正常的比较，观察是否相同。若测量相差较大，说明该部分电路存在故障。如滤波电容漏电、电阻开路或集成电路损坏等。

(3) 直流电压的测量

将万用表调在直流电压挡，选择表头指针接近满刻度偏转 2/3 的量程。如果电路上的电压大小估计不出来，就要先用大的量程，粗略测量后再用合适的量程，这样可以防止由于电压过大而损坏万用表。

测量的时候把万用表与被测电路以并联的形式连接上。把万用表上的红表笔触在被测电路的正端，而把黑笔触到电路的负端上，不要触反了。在测量比较高的电压时应该特别注意两只手分别握住红、黑表笔的绝缘部分去测量，或先将一根表固定在一端，而后再将另一根表笔去触及被测试点。

交流电压测量与直流电压完全相同，只需要将万用表调整到交流档即可。

2. 数字万用表的使用

数字式万用表，是把连续的被测模拟电参量自动的变成断续的，用数字编码方式并以十进制数字自动显示测量结果的一种电测量仪表，它把电子技术、计算机技术、自动化技术的成果与精密电测量技术密切地结合在一起，成为仪器仪表领域中的一种新型仪表。数字式万用表具有输入阻抗高、误差小、读数直观的优点，但显示较慢也是其不足之处，一般用于测量不变的电流、电压值。数字式万用表由于有蜂鸣器，因而测量电路的通断比较方便。

(1) 电压测量

将黑表笔插入 COM 插孔，红表笔插入 VΩ 插孔。

测直流电压时，将功能开关置于 DCV 量程范围，测交流电压时则应置于 ACV 量程范围，并将测试表笔连接到被测负载或信号源上，在显示电压读数时，同时会指示出红表笔所接电源的极性。如果不知被测电压范围，则首先将功能开关置于最大量程后，视情况降至合适量程。如果值显"1"表示过量程，功能开关应置于更高量程。

(2) 电阻测量

将黑表笔插入 COM 插孔，红表笔插入 VΩ 插孔（注意红表笔极性为"＋"）。

将功能开关置于所需量程上，将测试笔跨接在被测电阻上。当输入开路时，会显示过量程状态"1"。

如果被测电阻超过所用量程，则会指示出过量程"1"，需用高挡量程。当被测电阻在 1MΩ 以上时，该表需数秒后方能稳定读数，对于高电阻测量，这是正常的。检测在线电阻时，需确认被测电路已关掉电源，同时已放完电，方能进行测量。当 200MΩ 量程进行测量时需注意，在此量程，两表笔短接时读数为 1.0，这是正常现象，此读数是一个固定的偏移值。如被测电阻 100MΩ 时，读数为 101.0，正确的阻值是显示减去 1.0，即 101.0 － 1.0＝100。

(3) 二极管测量

测量二极管时，把转换开关拨到有二极管图形符号所指示的挡位上。红表笔接正极，黑表笔接负极。对硅二极管来说，应有 500～800mV 的数字显示。若把红表笔接负极，黑表笔接正极，表的读数应为"1"。若正反测量都不符合要求，则说明二极管已损坏。

(4) 短路线测量

将功能开关拨到短路测量的挡位上，将红黑表笔放在要检查的线路两端。如电阻小于 50Ω，则万用表发出声音。

任务三 示波器检测法

示波器检测法是手机故障的检测维修过程中非常重要的一种方法，该方法主要是通过示波器观察待检测电路部分的电压、电流、时钟信号的波形，然后与正常的波形比较，从而找出故障点。不同的示波器虽然各旋钮位置、功能不尽相同，但基本使用方法却基本一致，下面以 YB43020B 型通用双踪示波器为例，介绍其使用方法和技巧。

YB43020B 型双踪示波器功能如下。

YB43020B 型双踪示波器面板上的各种开关、旋钮安装位置如图 5-1 所示。

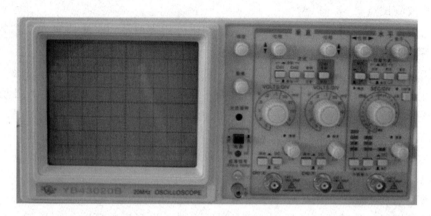

图 5-1　示波器前面板全图

主要按键以及旋钮的功能如下。

① 电源开关（POWER）：按此开关，仪器电源接通，指示灯亮。

② 聚焦：用于调节示波管电子束的焦点，使显示的光点成为小而清晰的圆点。

③ 校准信号：此端口输出幅度为 0.5V，频率为 1kHz 的方波信号。

④ 垂直位移：用以调节光迹在垂直方向的位置。

⑤ 垂直方式：选择垂直系统的工作方式。

CH1：只显示 CH1 通道的信号。

CH2：只显示 CH2 通道的信号。

交替：用于同时观察两路信号，此时两路信号交替显示，该方式适合于在扫描速率较快时使用。

断续：两路信号断续工作，适合于在扫描速率较慢时，同时观察两路信号。

叠加：用于显示两路信号相加的结果，当 CH1 极性开关被按入时，则两信号相减。

CH2 反相：按入此键，CH2 的信号被反相。

⑥ 灵敏度选择开关（VOLTS/DIV）：选择垂直轴的偏转系数，从 2mV/DIV～10V/DIV 分 12 个级调整，可根据被测信号的电压幅度选择合适的挡级。

⑦ 微调：用于连续调节垂直轴偏转系数，调节范围≥2.5 倍，该旋钮逆时针旋足时为校准位置，此时可根据"VOLTS/DIV"开关度盘位置和屏幕显示幅度读取该信号的电压值。

⑧ 耦合方式（AC GND DC）：垂直通道的输入耦合方式选择。

AC：信号中的直流分量被隔开，用以观察信号的交流成分。

DC：信号与仪器通道直接耦合，当需要观察信号的直流成分或被测信号的频率较低时应选用此方式。

GND 输入端处于接地状态，用以确定输入端为零电位时光迹所在位置。

⑨ 水平位移：用以调节光迹在水平方向的位置。

⑩ 电平：用以调节被测信号在变化至某一电平时触发扫描。

⑪ 极性：用以选择被测信号在上升沿或下降沿触发扫描。

⑫ 扫描方式：选择产生扫描的方式。

自动：当无触发信号输入时，屏幕上显示扫描光迹，一旦有触发信号输入，电路自动转换为触发扫描状态，调节电平可使波形稳定地显示在屏幕上，此方式适合观察频率在50Hz以上的信号。

常态：无信号输入时，屏幕上无光迹显示，有信号输入时，且触发电平旋钮在合适位置上，电路被触发扫描，当被测信号频率低于50Hz时，必须选择该方式。

锁定：仪器工作在锁定状态后，无需调节电平即可使波形稳定地显示在屏幕上。

单次：用于产生单次扫描，进入单次状态后，按动复位键，电路工作在单次扫描方式，扫描电路处于等待状态，当触发信号输入时，扫描只产生一次，下次扫描需再次按动复位按键。

⑬ ×5扩展：按入后扫描速度扩展5倍。

⑭ 扫描速率选择开关（SEC/DIV）：根据被测信号地频率高低，选择合适地挡级。当扫描"微调"置校准位置时，可根据度盘地位置和波形在水平轴的距离读出被测信号的时间参数。

⑮ 微调：用于连续调节扫描速率，调节范围≥2.5倍，逆时针旋足为校准位置。

⑯ 触发源：用于选择不同的触发源。

CH1：在双踪显示时，触发信号来自CH1通道，单踪显示时，触发信号则来自被显示的通道。

CH2：在双踪显示时，触发信号来自CH2通道，单踪显示时，触发信号则来自被显示的通道。

交替：在双踪交替显示时，触发信号交替来自于两个Y通道，此方式用于同时观察两路不相关的信号。

外接：触发信号来自于外接输入端口。

任务四　频谱分析仪测试法

频谱分析仪是研究电信号频谱结构的仪器，用于信号失真度、调制度、谱纯度、频率稳定度和交调失真等信号参数的测量，也可以测量放大器和滤波器等电路系统的某些参数，是一种多用途的电测量仪器。因而在手机维修过程中，频谱分析仪可以起到非常重要的作用。

一般情况下，可以用示波器判断13MHz电信号的存在与否，以及信号的幅度是否正常，然而，却无法利用示波器确定13MHz电路信号的频率是否正常，用频率计可以确定13MHz电路信号的有无，以及信号的频率是否准确，但却无法用频率计判断信号的幅度是否正常。然而，使用频谱分析仪可迎刃而解，因为频谱分析仪既可检查信号的有无，又可判断信号的频率是否准确，还可以判断信号的幅度是否正常。同时它还可以判断信号，特别是VCO信号是否纯净。可见频谱分析仪在手机维修过程中是十分重要的。

另外，数字手机的接收机、发射机电路在待机状态下是间隙工作的，所以在待机状态下，频率计很难测到射频电路中的信号，对于这一点，应用频谱分析仪不难做到。

一、使用前须知

在使用频谱仪之前，有必要了解一下分贝（dB）和分贝毫瓦（dBm）的基本概念，下面作一简要介绍。

1. 分贝

分贝（dB）是增益的一种电量单位，常用来表示放大器的放到能力、衰减量等，表示的是一个相对量，分贝对功率、电压、电流的定义如下：

功率分贝数：10lg(dB)

电压、电流分贝数：20lg(dB)

例如，A功率比B功率大一倍，那么，10lg(A/B)＝10lg2＝3dB，也就是说，A功率比B功率大3dB。

2. 分贝毫瓦

分贝毫瓦（dBm）是一个表示功率绝对值的单位，计算公式为

$$分贝毫瓦＝10lg(dBm)$$

例如，如果发射功率为1mW，则按dBm进行折算后应为10lg(1mW/1mW)＝0dBm。如果发射功率为40W，则10lg(40W/1mW)＝46dBm。

二、认识频谱分析仪

生产频谱分析仪的厂家不多。通常所知的频谱分析仪有惠普（现在惠普的测试设备分离出来，成为安捷伦）、马可尼、惠美以及国产的安泰。相比之下，惠普的频谱分析仪性能最好，但其价格也相当可观，早期惠美的5010/5011频谱分析仪比较便宜，国产的安泰5010/5011频谱分析仪的功能与惠美的5010/5011差不多，其价格却便宜得多。下面以国产安泰（AT）5010/5011频谱分析仪为例进行介绍。

1. 性能特点

安泰5010/5011最低能测到2.24μV，即是－100dBm。一般示波器在1mV，频率计要在20mV以上，与频谱仪比相差10000倍。如用频率计测频率时，有的频率点测量很难，有的频率点测不准，频率数字显示不稳定，甚至测不出来。这主要是频率计的灵敏度问题，即信号低于20mV时频率计就无能为力了，如用示波器测量时，信号有5％的失真示波器是测不出来，而在频谱分析仪上万分之一的失真都能测出来。

但需注意的是，频谱仪测量的是高频信号，要注意被测信号的幅度范围，以免损坏高频头，在2.24μV～1V之间，超过其范围应另加相应的衰减器。

安泰5010/5011频谱分析仪频率范围在0.15～1000MHz(1G)，其系列还有3G、8G、12G等产品。安泰5010/5011频谱分析仪可同时测量多种（理论上是无数个）频率及幅度，Y轴表示幅度，X轴表示频率，因此能直观地对信号的组成进行频率幅度和信号比较，这种多对比性的测量，示波器和频率计是无法完成的。

2. 性能指标

(1) 频率

频率范围：0.15～1050MHz；

中心频率显示精度：±100kHz；

频率显示分辨率：100kHz；

扫频宽度：100kHz/DIV～100MHz/DIV；

中频带宽（−3dB）：400kHz 和 20kHz；

扫描速度：43Hz。

（2）幅度

幅度范围：−100～+13dBm；

屏幕显示范围：80dBm(10dB/DIV)；

参考电平：−27～13dBm（每级 10dB）；

参考电平精度：±2dB；

平均噪声电平：−99dBm。

（3）输入

输入阻抗：50Ω；

插座：BNC；

衰减器：0～40dB；

输入衰减精度：±1dDm；

最大输入电平：+10dBm、+25V(DC)。

3. 安泰 5010/5011 频谱分析仪功能介绍

安泰 5010/5011 频谱分析仪面板功能示意如图 5-2 所示。

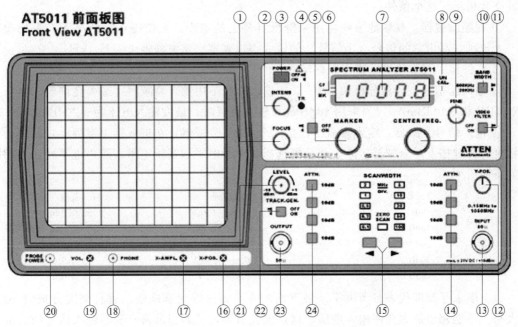

图 5-2　安泰 5010/5011 频谱分析仪面板功能示意图

① 聚焦：轨迹虚实调节。

② 亮度：轨迹亮暗调节。

③ 电源开关（POWER）：按下电源开关，约经 10s 将有光束出现。

④ 轨迹旋钮：即使有磁性（铍膜合金）屏蔽，地球磁场对水平扫描线的影响仍不可能避免。通过轨迹旋钮内装的一个电位器来调整轨迹；使水平扫描线与水平刻度线基本对齐。

⑤ 标记：（ON/OFF）。

a. 当标记按钮置于 OFF（断）位置时，中心频率（CF）指示器发亮，此时显示器读出的是中心频率，当此开关在 ON（通）位置时，标记（MK）指示器发亮，此时显示器读出的是标记的频率，该标记在屏幕上是一个窄脉冲。标记频率可用标记（MARKER）旋钮来调节，它可重合到一根谱线上。

b. 在进行正确幅度读数前应将标记断掉。

⑥ 中心频率/标记（CF/MK）指示灯：当数字显示读中心频率时中心频率指示器亮。中心频率是指示波管上水平线的中心处的频率。当标记按钮在 ON 时，标记指示器亮，此时显示器读出标记处的频率。

⑦ 数字显示器（中心频率/标记频率）：7 段，100kHz 分辨率。

⑧ 标准失效：此指示灯闪亮时表示幅度值不正确。这是由于中频滤波器设置不当从而影响了扫频宽度和滤波器之间的配合，造成幅度读数降低。这种情况可能出现在相对于中频带宽（20kHz）或者视频滤波器带宽（4kHz）而言，扫频范围过大。此时若要正确测量，可以不用视频滤波器或者减小扫描宽度。

⑨ 中心频率（粗/细调）：两个旋钮都用于调节中心频率。中心频率是指显示在屏幕水平中心处的频率。

⑩ 中频带宽：选择中频带宽在 400kHz 或 20kHz。选择 20kHz 带宽时，噪声电平降低，选择性提高，能分割开频率更近的谱线。若扫描宽度过宽时，会使测量不正确。"校准失效"灯发亮就指出了这个条件。

⑪ 视频滤波器：视频滤波器可用来降低屏幕上的噪声。它使得正常情况下在平均噪声电平上或刚好高出它的信号（小信号）的谱线得以观察。该滤波器带宽是 4kHz。

⑫ Y 位移：调节轨迹垂直方向移动。

⑬ 输入座信号：频谱分析仪 BNC 50Ω 输入。在不用输入衰减时，最大允许输入电压为 ±25VDC 和 +10dBmAC。当采用 40dB 最大输入衰减时，最大输入电压为 +20dBm。

⑭ 输入信号衰减器：输入衰减器包括 4 个 10dB 衰减器，在进入第 1 混频器之前降低信号幅度。按键按下时衰减器接入。衰减器选择、参考电平和基线电平（噪声电平）三者的配合如下面所列：

衰减器	参考电平		基线
0dB	−27dBm	10mV	−107dBm
10dB	−17dBm	31.6mV	−97dBm
20dB	−7dBm	0.1V	−87dBm
30dB	+3dBm	316mV	−77dBm
40dB	+13dBm	1V	−67dBm

最上端水平刻度代表参考电平。最下面的水平刻度线为基准线。垂直刻度分成每 10dB 一大格。不能超出最大允许输入电压，这点极其重要，尤其当屏幕只显示输入信号的一部分时，可能在屏幕显示的下方还有输入信号电平存在，从而损坏输入衰减器和第一混频器。请同时参阅⑬项。在连接任何信号到 AT5010/5011 输入端之前，选择设置为最高衰减器（4×10dB）和最高可用扫描频宽（扫描宽度 100MHz/DIV），若此时将中心频率调在 500MHz，则在最大可测和显示频率范围内检测出任意谱线。若衰减器减小而且基线向上移动，则可指示为在最大可显示频率范围（例如 1200MHz）之外还有幅度值。

⑮ 扫描宽度："扫描宽度"选择按键用来调节水平轴的每格扫频宽度。用按键 → 来增加每格频宽，用按键 ← 来减少每格频宽。转换是 1-2-5 进制，从 100kHz/DIV 到 100MHz/

DIV。此扫频宽度以 MHz/DIV 显示，它代表水平线每格的刻度。中心频率是指水平轴中心刻线处的频率。假如中心频率和扫频宽度设置正确，X 轴有 10 分格的长度，当扫频宽度低于 100MHz/DIV，只有全频率范围的一部分可被显示。当扫频宽度设在 100MHz/DIV，位置和中心频率设在 500MHz 时，显示频率以每格 100MHz 扩展到右边，最右边是 1000MHz[500MHz+（5×100MHz）]。

同理，中心频率线向左边扩展则频率降低。此时左边的刻线代表 0Hz。这时，可以看到 1 根特别的谱线即"0 频率"线。这时由于第 1 本地振荡器频率通过了第 1 中频而产生的。当中心频率相对于扫描宽度较低时有此现象。"0 频率"线的幅度对每台频谱分析仪是不一样的。它不能当参考电平来使用。显示在"0 频率"左边的那些谱线成为镜频。在"0 扫频"模式时，频谱分析仪类似一台可选择（中频）带宽的接收机。此时频率的选择是通过"中心频率"旋钮来进行的。所选的扫描宽度/DIV 值在设置按键上方的指示灯显示出来。

⑯ X-位置（水平位移）

⑰ 水平幅度：注意⑯和⑰项是仅仅在仪器校准时才用到。在正常使用下不要求调节这两项。当需要对它们进行调节时，需要用一台很精准的射频信号发生器。

⑱ 插孔：ϕ3.5mm 耳机插孔，阻抗大于 16Ω 的耳机或扬声器可以连接到这个输出插孔。当频谱分析仪对某一谱线调谐好时，它可能将某些音频解调出来。这时通过中频部分的调制解调器实现的。可解调任何调幅信号，也可提供单边带调频信号的解调。输出有短路保护。

⑲ 音量：音量输出调节。

⑳ 探头供电输出：输出＋6V DV 电压，供 MZ530 近场探头工作。此电源专为 MZ530 探头使用。

㉑ 电平（注：仅用于 AT5011，而 AT5010 没此按钮，下同）：用此旋钮可调节输出电平，范围为 11dBm（−10～+1dBm）。

㉒ 跟踪信号发生器（仅用于 AT5011）若按钮按下时（ON）跟踪信号发生器工作。此时从输出插座 BNC 输出正弦波信号，它的频率决定于频谱分析仪在"0 扫频"模式时输出的即是中心频率。

㉓ 输出座（仅用于 AT5011）：50Ω 插座用于跟踪信号发生器。输出电平在＋1～−50dBm 范围内可调节。

㉔ 输出衰减器（仅用于 AT5011）：输出电平衰减器由 4 个 10dB 衰减器组成，可使信号在到达"输出"插座前衰减。这 4 个衰减器是独立的，衰减倍数相等，均为 10dB。这样，很容易得到所需要的衰减量，例如：任意按下其中两个衰减器，其衰减值就为 20dB。

㉕ 电源插座：频谱分析仪工作在 220V 交流电压下，该插座是标准三芯插座。在三电极下方盒内装有保险丝。

项目六　手机整机电路结构

■ 知识目标

① 了解整机电路结构；
② 了解手机整机工作过程。

■ 能力目标

① 掌握整机电路中各功能模块的作用；
② 掌握接收、发射信号流程。

数字手机是高新科技的移动通信设备，它是数字通信技术、单片机控制技术、贴片安装技术、元器件材料与工艺、多层印制电路板和柔性电路板等综合技术的产物。只有对数字手机整机的电路结构有一个全面的理解，才能对数字手机的故障进行准确的判断和维修。无论是 GSM 型手机还是 CDMA 型手机，从一般原理框图和印制电路板的结构上讲，有相似之处。这里以 GSM 型手机为例，分析手机的组成与工作原理。

GSM 型手机由软件和硬件组成。软件指挥硬件工作；硬件的正常是软件的基础。手机的软件保存在手机的存储器中，由 CPU 调用；手机的硬件就是指手机的电路及其壳体。

一、手机整机电路结构

GSM 手机电路一般可分为 4 个部分，射频部分、逻辑/音频部分、输入/输出接口部分（也称界面部分）和电源部分，4 个部分相互联系，是一个有机的整体。手机电路原理框图如图 6-1、图 6-2 所示。

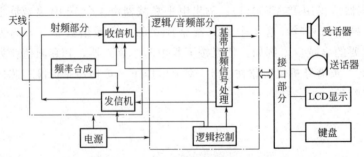

图 6-1　GSM 手机电路原理简略图

二、各部分电路功能

1. 射频部分

一般是指手机电路的射频、基带解调部分。包括天线系统、发送通路、接收通路、模拟

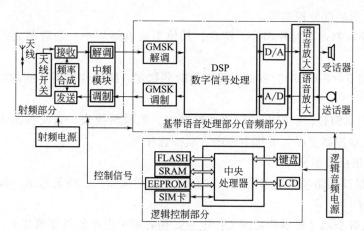

图 6-2　GSM 手机电路原理基本组成框图

调制、解调及进行 GSM 信道调谐用的频率合成器等。

（1）接收部分

手机接收信号时，天线感应到基站发来的微弱射频信号，同时混进噪声波和杂波，所以经天线匹配电路和接收滤波电路滤波后经低噪声放大器放大，放大后的信号再经过接收滤波器被送到混频器，与来自本机振荡电路压控振荡信号进行混频，得到中频信号，经中频放大后在解调器中进行正交解调，得到接收基带信号。接收基带信号在逻辑/音频电路中经 GMSK 解调，进行去交织、解密、信道解码等音频处理（DSP），再进行 PCM 解码，还原出模拟话音信号，推动受话器发音。

（2）发送部分

手机发送信号时，话筒将声音信号转化成模拟电信号，经 PCM 编码，将其变为数字信号，然后在逻辑/音频电路进行信道编码、交织、加密、突发脉冲的形成、I/Q 分离等语音处理。分离后的发射 I/Q 信号送到射频部分，在中频电路完成 I/Q 调制，该信号与频率合成器的接收本振和发射本振的差频进行比较，得到一个包含发射数据的脉动直流信号，去控制发射本振的输出频率，使本振振荡频率更准确，作为最终信号，经功率放大后，由天线发射出去。

（3）频率合成器

频率合成器提供接收通路、发送通路工作所需要的本振频率，它受逻辑部分中央处理器的控制。

2. 逻辑/音频部分

（1）音频部分

音频部分对数字信号进行一系列处理，发送通道的脉冲编码调制（PCM）编码、话音编码、信道编码、交织、加密、突发脉冲串形成、TDMA 帧形成等；接收通道的自适应信道均衡、信道分离、解密、信道解码和语音解码、音频放大等。这些处理过程全在音频部分的集成电路内完成。

（2）逻辑控制部分

逻辑控制部分由 CPU、FLASH、SRAM、码片等组成。

① 中央处理器（CPU）。

a. 整机工作信号控制：对整个手机的工作进行控制和管理，包括开机操作、定时控制、数字系统控制、射频部分控制等。

b. 数据传输控制：对射频部分、键盘、其他集成电路与中央处理器之间相互数据传送的控制。

② 随机存储器（SRAM）。存储手机工作时的数据，随机存储器存储的内容在关机后就会丢失。

③ 字库（FLASH）。字库内存放功率控制表、数模转换表、自动控制表、自动增益控制表、码表、显示控制程序、手机主程序、监控程序等。

3. 输入/输出接口部分

输入/输出接口电路包括键盘输入、LCD 显示、话筒输入、听筒输出、振铃器输出等。

4. 电源部分

电源电路为各个部分提供所需的工作电压，使各部分电路能够正常工作，从图 6-2 中可以看出，信号的接收和发送两个通道的脉络，两个通路的信号变化过程是相反的，还共用数字信号处理电路。电源电路为各个部分供电，逻辑控制电路对整机的工作进行协调和指挥。

项目七　手机射频电路故障分析与维修

■ 知识目标

① 熟悉接收电路结构框图及信号流程；
② 理解接收电路各功能部分原理及作用；
③ 熟悉发射电路结构框图及信号流程；
④ 理解发射电路各功能部分原理及作用；
⑤ 熟悉频率合成器电路结构；
⑥ 理解频率合成器各功能部分原理及作用。

■ 能力目标

① 掌握接收电路故障检修技能，具备接收电路故障维修能力；
② 掌握发射电路故障检修技能，具备发射电路故障维修能力；
③ 掌握频率合成器故障检修技能，具备频率合成器故障维修能力。

射频电路部分一般是指手机电路的射频、中频处理部分，包括天线系统、接收通路、发射通路、调制解调以及进行 GSM 信道调谐用的频率合成器。它的主要任务有两个：一是完成接收信号的下变频，得到模拟基带信号；二是完成发射模拟基带信号的上变频，得到发射射频信号。按照电路结构划分，射频电路部分又可以分为接收电路部分，发射电路部分和频

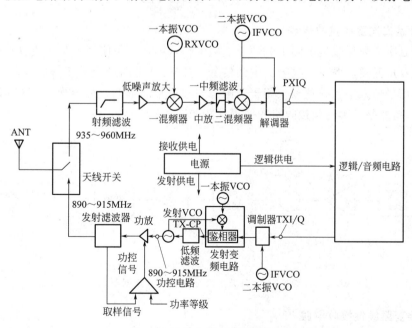

图 7-1　手机典型射频电路框图

率合成器部分。

手机射频电路故障是手机维修中最为复杂的部分，如图 7-1 所示是手机最常用的一种射频电路框图。

任务一　手机接收机电路结构框图及信号流程

手机接收机电路主要完成对接收到的射频信号进行滤波、混频解调、解码等处理后转换成语音信号输出。

GSM 手机的接收频率：GSM 频段为 935～960MHz，DCS 频段为 1805～1880MHz。

一、接收机电路结构框图

手机的接收电路有三种基本结构：超外差一次变频接收电路、超外差二次变频接收电路、直接变频线性接收电路。

1. 超外差一次变频接收电路

超外差一次变频接收机中只有一个混频电路，超外差一次变频接收机的原理框图如图 7-2 所示。

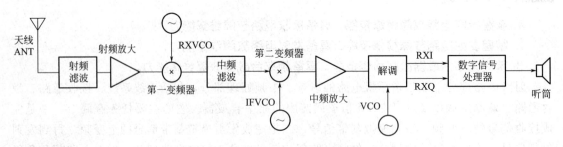

图 7-2　超外差一次变频接收电路框图

2. 超外差二次变频接收电路

超外差二次变频接收机电路中有两个混频电路，第一中频信号与第二接收本机振荡信号（IFVCO 信号）混频，得到接收第二中频信号。IFVCO 电路产生的 IFVCO 信号经过分频，也作为参考信号送入中频处理模块用于对第二中频信号的解调，分离出 67.707kHz 的 RXI/RXQ 信号。超外差二次变频接收机的原理框图如图 7-3 所示。

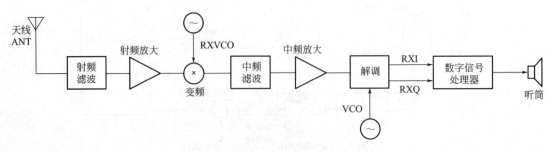

图 7-3　超外差二次变频接收电路框图

3. 直接变频线性接收电路

一次变频接收机和二次变频接收机的 RXI/RXQ 信号都是从解调电路输出的，但在直接变频线性接收机中，混频器输出的不是中频信号，而直接是 RXI/RXQ 信号。混频与解调两个功能合二为一，直接变频线性接收电路结构原理框图如图 7-4 所示。

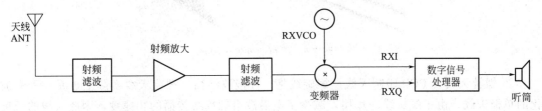

图 7-4　直接变频线性接收电路框图

三种接收电路结构相同之处：信号都是从天线到低噪声放大器，经过频率变换，再解调出 RXI/RXQ 信号，最后送到语音处理电路经 GMSK 解调、信道均衡、解密、去交织、信道解码、语音解码，还原为模拟话音信号，推动受话器发声。

三种接收电路区别：接收频率变换（降低）的方式不同。

二、信号流程

天线感应空中的无线信号，经过天线匹配电路和射频滤波器滤波后经低噪声放大器放大，放大的信号经过射频滤波后被送到混频器。在混频器中，射频信号与来自本机振荡电路的压控振荡信号进行混频，得到接收中频信号。中频信号经中频滤波、中频放大后，在中频处理模块解调器中进行正交解调，得到 67.707kHz 接收模拟基带信号（RXI/RXQ）。I/Q 解调所用的本振信号通常由中频 VCO（IFVCO）信号处理得到。RXI/RXQ 信号在逻辑音频电路中先经数字信号处理器（DSP）处理，然后经 PCM 解码还原出模拟的话音信号，推动受话器发声。

三、接收机各功能电路

1. 天线

天线是发射和接收电磁波的一个重要的无线电设备，利用无线电磁波方式传递信息的无线通信设备，都离不开天线。天线是手机中重要的部件，它直接影响到接收灵敏度和发射性能。

手机发射机输出的射频信号，通过馈线（电缆）输送到天线，由天线以电磁波形式辐射出去。电磁波到达接收地点后，由天线接收并通过馈线送到手机接收机。

天线分为接收天线与发射天线，接收天线是把高频电磁波转化为高频信号电流的导体，发射天线是把高频信号电流转化为高频电磁波辐射出去的导体。手机天线即是接收机天线又是发射机天线。由于手机工作在 900MHz 或 1800MHz 的高频段上，所以其天线体积可以很小。

手机中常见的天线有两种：外置天线和内置天线。

（1）手机外置天线

手机的外置天线指安装在手机外壳的外部的天线，这种天线有固定式和拉杆式，如图 7-5所示。

手机的外置天线一般有单极天线、螺旋天线、PCB 印制天线、拉杆天线等。

① 单极天线。传统的外置天线一般为单极天线，虽然制作简单，但是尺寸较大，不便于携带。

图 7-5 手机的外置天线

② 螺旋天线及 PCB 印制天线。螺旋线是一种慢波结构，螺旋天线实际上也是一种慢波化的单极天线。由于螺旋线的作用，减少了电磁波沿螺旋线传播的相速度，因此天线的长度可以缩短。也正是由于螺旋线的慢波结构，使得天线的带宽窄、储能大、辐射效率降低。

PCB 印制天线实际是一种变形的螺旋天线，利用 PCB 板的介电常数进一步降低天线的尺寸。

③ 拉杆天线。一般是采用一节 1/4 波长螺旋和一节 1/2 波长螺旋构成，需要介质棒去耦，用来实现手机的高增益，在手持情况下，其增益可增加 6dB 以上。

单极天线由于其要求的长度长，一般不使用。拉杆天线虽然有效增益高，电性能较好，但是其结构复杂，同时需要使用记忆金属作材料，因此价格较贵，应用较少。在外置天线中使用较多的是螺旋天线。

（2）手机内置天线

手机的内置天线安装在手机外壳内部的天线，现在新型的手机基本上都使用内置天线，有的内置天线是焊接在电路板上的一段金属丝，有的是机壳内的一些金属镀膜，有的仅仅是一块铜皮，如图 7-6 所示。

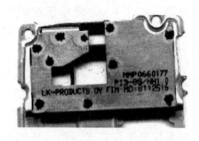

图 7-6 手机的内置天线

手机内置天线的形式特别多，但目前的主流天线主要有两种：PIFA 天线和 MONOPOLE 单极天线。

① PIFA 天线。PIFA 是现在使用最多的一种内置天线，具有体积小，增益高，带宽相对较宽的特点。辐射体面积 550～600mm²。天线与主板有两个馈电点，一个是天线模块输出，另一个是 RF 地。天线的位置在手机顶部。PIFA 天线在手机的射频部分和蓝牙部分都有使用。

PIFA 天线适用于有一定厚度的手机产品，如折叠、滑盖、旋盖、直板机等。

② MONOPOLE 单极天线。辐射体面积 300～350mm²，与 PCB 主板元件面的距离（高度）为 3～4mm，天线辐射体与 PCB 的相对距离应大于 2mm 以上。天线与主板只有一个馈电点，是模块输出。天线的位置在手机顶部或底部。

MONOPOLE 单极天线不适用折叠、滑盖机，在直板机和超薄直板机上有优势。

（3）天线在电路中的符号

在电路图上，天线通常用字母"ANT"表示。天线符号在电路中也比较容易找到，一般在图纸的左上方。

手机天线有其工作频段，GSM 手机的天线工作在 900MHz 频段，DCS 手机工作在 1800MHz 频段，GSM/DCS 双频手机的天线工作在 900MHz 和 1800MHz 两个频段。智能手机多为多频手机，可接收不同频段的手机信号。手机支持的信号频段越多，适用范围越广。

（4）天线故障分析

手机天线损坏后会造成信号弱、灵敏度降低等故障。手机天线还涉及阻抗匹配问题，所以手机天线不可以随便更换。若发现手机天线损坏后，尽量更换原装的天线，不要随意用其他手机天线进行代换，否则可能会因功率不匹配而引起耗电快、烧毁功放等故障。

当发现手机天线锈蚀、接触不良的时候也要及时进行更换，否则会引起灵敏度降低，发射功率减弱等问题。

2. 天线开关

天线开关也叫合成器、双工滤波器，是切换天线工作状态的开关，接在天线和射频电路之间，由 CPU 控制开关的切换。天线开关切换的是频段以及接收、发射状态。天线开关通常只出现在使用 TDD 与 TDMA 技术的电路中。比如 GSM 手机、TDD-WCDMA 手机、TD-SCDMA 手机。

（1）天线开关的接收发射控制原理

手机接收机和发射机是间断工作的，接收机工作时发射机不工作，发射机工作时接收机不工作。对于这种工作模式，可以利用一个开关电路来提供接收信号通道和发射信号通道，利用一个或几个控制信号来控制天线开关信号通道的切换。

天线开关电路射频收发控制原理框图如图 7-7 所示。

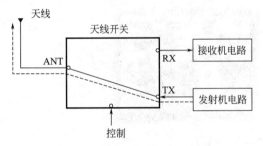
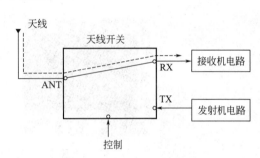

(a) 发射机工作时的天线开关信号通道　　(b) 接收机工作时的天线开关信号通道

图 7-7　天线开关电路射频收发控制原理框图

发射信号时，CPU 控制信号控制天线开关连接到发射机电路，接收信号时，CPU 控制信号控制天线开关连接到接收机电路。天线开关电路的作用是把接收与发射信号分离，使接收和发射信号互不影响。

（2）天线开关的频段切换原理

在双频及多频、双模手机中，天线开关还负责频段信号的切换，频段的切换同样受CPU 控制信号的控制。

收发信号（RX/TX）进入到天线开关后，天线开关在 CPU 控制信号的控制下一方面切换收发信道，另一方面切换具体频段。

天线开关电路频段切换原理框图如图 7-8 所示。

发射机工作时，来自 CPU 的控制信号控制天线开关内部的收发切换开关和发射频段切换开关，选择发射的 850MHz、900MHz、1800MHz、1900MHz 信号其中的一路信号输送到天线，然后发射出去。

接收机工作时，来自 CPU 的控制信号控制天线开关内部的收发切换开关和接收频段切换开关，将天线接收的 850MHz、900MHz、1800MHz、1900MHz 信号其中的一路信号输送到接收机电路中。

（3）天线开关的外形结构

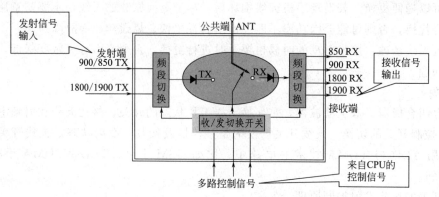

图 7-8　天线开关电路频段切换原理框图

天线开关是一些元器件的组合，由高频二极管与电阻电容组成，安装在一个陶瓷基板上，陶瓷基板上有一个银白色的铁壳屏蔽罩，它的位置在天线和功放的附近。

天线开关的外形结构如图 7-9 所示。

图 7-9　天线开关的外形结构

（4）天线开关电路

在手机原理图中查找天线开关电路的方法很简单，因为天线的符号一般用"ANT"表示，只要找到天线符号后，顺着天线符号就能找到天线开关电路。

图 7-10 是几种常见的天线开关电路。

天线开关电路由天线及外围电路组成，当工作在接收状态时，在 CPU 控制下，GSM-RX 信号、DCS-RX 信号由天线接收后，经天线开关送到射频接收电路。当工作在发射状态时，在 CPU 的控制下，功放的 GSM-TX 信号、DCS-TX 信号经天线开关送到天线发射出去。

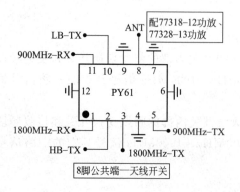 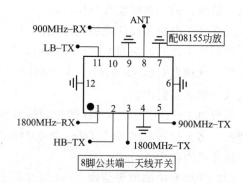

70

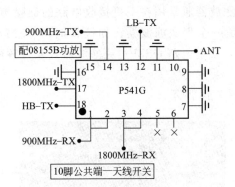

图 7-10　常见的天线开关电路

（5）天线开关故障分析

天线开关在手机射频电路中的位置非常重要，几乎所有的信号故障都有可能与天线开关有关系，天线开关电路故障主要表现在"无信号、信号弱、不发射、发射困难"等。

3. 滤波器

滤波器的作用是让指定频段的信号能比较顺利地通过，而对其他频段的信号衰减。

（1）滤波器的分类

手机的滤波器有双工滤波器、射频滤波器和中频滤波器等，大多是带通滤波器，即只允许一定频率宽度的信号通过滤波电路。

① 双工滤波器。手机可以用天线开关电路来分离发射与接收信号，也可以用双工滤波器来分离发射与接收信号，用天线开关电路分离发射和接收电路较为复杂，用双工滤波器则简化了许多。双工滤波器是一个复合器件，它包含一个发射带通滤波器和一个接收带通滤波器。通过这两个带通滤波器，在天线电路中形成两个单向通道，完成发射信号与接收信号的分离。

双工滤波器在其表面一般有"TX"（发射）、"RX"（接收）及"ANT"（天线）字样。双工滤波器也称为"收发合成器"或"合路器"。单频手机双工滤波器实物图如图 7-11 所示。双频手机中的双工滤波器实物图如图 7-12 所示。

图 7-11　单频手机双工滤波器实物图

图 7-12　双频手机双工滤波器实物图

双工滤波器是介质谐振腔滤波器，它由一个介质谐振腔构成，在更换这种双工滤波器时应注意焊接技巧，否则，可能将双工滤波器损坏。

71

② 射频滤波器。射频滤波器通常用在手机接收电路的低噪声放大器、天线输入电路及发射机输出电路部分。它是一个带通滤波器，如接收电路 GSM 射频滤波器只允许频段为935～960MHz 的信号通过，发射电路 GSM 射频滤波器只允许频段为 890～915MHz 的信号通过。

射频滤波器实物图如图 7-13 所示。

图 7-13　手机中的射频滤波器

③ 中频滤波器。中频滤波器只允许中频信号通过，也是带通滤波器，对接收机性能影响很大，该元件损坏会造成手机无接收、接收信号差等故障。不同的手机，中频滤波器可能不一样，但通常来说，接收电路的第一混频器后面的第一中频滤波器体积较大，第二混频器后面的第二中频滤波器小些，第二中频滤波器通常对接收电路的性能影响较大。

第一中频滤波器实物如图 7-14 所示。

图 7-14　第一中频滤波器实物图

第二中频滤波器实物如图 7-15 所示。

图 7-15　第二中频滤波器实物图

（2）滤波器的结构

手机中常见的射频、中频滤波器的结构，按输入、输出方式来分主要有以下几种。

① 单脚输入单脚输出结构。这种滤波器管脚虽多，但是只有一个输入脚、一个输出脚，

其余脚均接地。

② 单脚输入双脚输出结构。这种滤波器除具有滤波作用外，还具有平衡/不平衡转换的作用，也就是说，它可以将一路不平衡信号转换为两路平衡信号输出。此类滤波器除一个输入脚、两个输出脚之外，其余脚均接地。如图 7-16 所示。

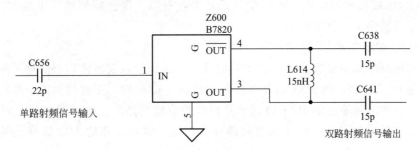

图 7-16　单脚输入双脚输出结构

③ 双路输入双路输出结构。这种结构的滤波器有两个输入脚、两个输出脚，其余脚均接地。

（3）滤波器的故障分析

手机中的滤波器主要分布在射频电路中，且都是在信号通道中，所以手机中的滤波器，不论是射频滤波器，还是中频滤波器，损坏后都会引起信号问题，主要故障为：信号弱、无信号、无发射、发射困难等。

4. 放大器

（1）低噪声放大器（LNA）

低噪声放大器一般位于天线和混频器之间，是第一级放大器，主要完成两个任务：一是将天线接收的微弱的射频信号进行放大，以满足混频器对输入信号幅度的需要，提高接收信号的信噪比；二是在低噪声放大管的集电极上加了由电感与电容组成的并联谐振回路，选出所需要的频带，所以叫选频网络或谐振网络。一般采用分离元件或集成在电路内部。

低噪声放大器通常又称为前置射频放大器，是手机接收机最常用的一种小信号放大器，由于此类放大器常用低噪声器件来实现，故又称为低噪声放大器。

（2）中频放大器（IFA）

中频放大器主要提高接收机的增益，接收机的整个增益主要来自中频放大器。它一般都是共射极放大器，带有分压电阻和稳定工作点的放大电路，对工作电压要求高，一般需专门供电，且集成在中频 IC 内或独立。

5. 混频器（MIX）

混频器实际上是一个频谱搬移电路，它将载波的高频信号不失真地变换为固定中频的已调信号，且保持原调制规律不变。由于中频信号频率低而且固定，容易得到比较大而且稳定的增益，提高接收机的灵敏性。

混频器主要特点是：由非线性器件构成，有两个输入信号（一个为输入信号，另一个为本机振荡信号），一个输出信号（其输出被称为中频信号），均为交流信号。混频后可以产生许多新的频率，在多个新的频率中选出需要的频率（中频），滤除其他成分后送到中放。

在接收机电路中的混频器是下变频器，即混频器输出的信号频率比输入信号的频率低；在发射机电路中的混频器通常用于发射上变频，它将发射中频信号与 UHFVCO（或 RXV-

CO）信号进行混频，得到最终发射信号。

混频器是超外差接收机的核心电路，如果接收机的混频器出现故障，则无接收中频输出，造成手机无接收信号、不能上网等故障。

6. 射频 VCO、中频 VCO

射频 VCO 给接收机提供第一本振信号。若接收有第二混频器的话，中频 VCO 给接收机的第二混频器提供本机振荡信号。

7. 接收 I/Q 解调电路

接收机的解调电路把接收的包含在中频信号中的语音信息或各种信令信息还原出来，得到中心频率为 67.707kHz 的 RXI/Q 信号。从天线到 I/Q 解调，接收机完成全部任务。在接收机电路中，解调电路输出的 RXI/Q 信号是检修接收机电路的一个关键信号。测到 I/Q 信号，说明前边各部分电路，包括本振电路都没有问题，解调电路的 I/Q 信号是射频电路和逻辑电路的分水岭。

8. 数字信号处理（DSP）

其过程是接收基带（I/Q）信号在逻辑电路中经 GMSK 解调、去交织、解密、信道解码等处理，再进行 PCM 解码，还原出模拟话音信号，推动受话器发声。

任务二　手机接收机电路原理图

下面以摩托罗拉 V60 手机为例，介绍 GSM（GPRS）手机电路原理的分析方法。摩托罗拉 V60 手机是一款三频中文手机，具有"通用无线分组服务（GPRS）"功能和"无线应用协议"（WAP）功能。

一、手机接收电路原理图

摩托罗拉 V60 手机既可以工作于 GSM900MHz 频段，也可以工作在 DCS1800MHz 和 PCS1900MHz 频段上，它的射频接收电路采用超外差二次变频接收方式，如图 7-17 所示。

从天线接收下来的信号经天线接口 A10 进入机内的接收机电路，经过 A11 开关（外接天线接口或射频测试接口）进入频段转换及天线开关 U10 的第 16 脚，当 V4（2.75V）为高电平时，导通 U10 内的 Q4 开启 GSM/PCS 通道，经过 FL103、FL102 滤波后，进入前端混频放大器 U100。当 V3（2.75V）为高电平时，导通 U10 内的 Q3，从而开启 DCS 通道，经过 FL101 滤波后进入前端混频放大器 U100。

注意，GSM、DCS、PCS 这三个通道不能同时工作，它们的转换由逻辑电路输出控制指令控制。由中频模块（U201）输出 N＿DCS＿SEL 等信号，再经三频切换电路控制天线开关（U10）的信号通道。

当手机工作在 GSM 通道时，射频信号（935.2～959.8MHz）在 U100 内经过多级低噪声放大器增益后和来自 RXVCO U300 的本振频率混频，得到 400MHz 的中频信号后送入中频放大电路（以 Q151 为中心）进一步处理。

当手机工作在 DCS 通道时，射频信号（1805.2～1884.8MHz）在 U100 内经多级低噪声放大器增益后和来自 RXVCO U300 的本振频率混频，得到 400MHz 的中频信号后和 GSM 共用后级电路。

当手机工作在 PCS 通道时，射频信号（1930.2～1989.2MHz）在 U100 内经过多级低

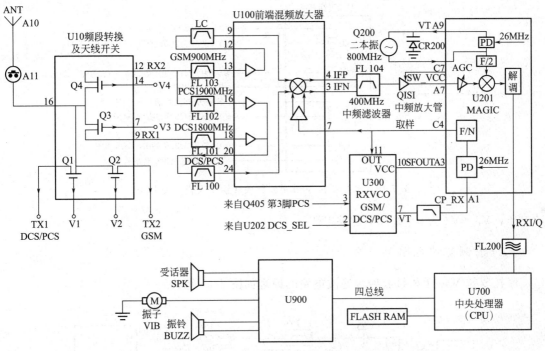

图 7-17　摩托罗拉 V60 手机接收部分电路

噪声放大器增益后和来自 RXVCO U300 的本振频率混频，得到 400MHz 的中频信号后和 GSM、DCS 共用后级电路。

当 400MHz 的中频信号经 FL104（中频滤波）和 Q151（中频放大）进入 U201 内部，先进行放大，放大量由 U201 内部的 AGC 电路调节，主要依据为此接收信号的强度。接收信号越强，放大量越小；接收信号越弱，放大量也越大。对中频信号的解调是利用接收第二本振信号在 U201 芯片内部完成，获得 RXI/RXQ 信号通过数据总线传输给中央处理器 U700，U700 对其解密、去交织、信道解码等数字处理后，送给 U900 再进行解码、放大等，还原出模拟话音信号，一路推动受话器发声，一路供振铃使用，还有一路供振子使用。

二、频段转换及天线开关 U10

摩托罗拉 V60 手机是一款三频手机，U10 将收/发转换及频段间的转换集成到一起，它的内部由 4 个场效应管组成，如图 7-18 所示。

4 个场效应管分别由栅极的 V1、V2、V3、V4 来控制它们的开启或闭合，当它们的栅极控制电压处于高电平时导通对应的通道。其中，V1 控制 U10 内的场效应管 Q1；V2 控制 U10 内的场效应管 Q2；V3 控制 U10 内场效应管 Q3；V4 控制 U10 内场效应管 Q4。而 Q1 的开启相当于允许 TX1（DCS1800MHz 或 PCS1900MHz）发射信号经过 U10 后发送到天线发射；Q2 的开启相当于允许 TX2（GSM900MHz）发射信号经过 U10 后发送到天线发射；Q3 开启相当于允许天线接收到 RX1（DCS1800MHz）信号送到下一级接收电路；Q4 的开启相当于允许天线接收到的 RX2（GSM900MHz 或 PCS1900MHz）信号送到下一级接收电路。

另外，为了省电以及抗干扰，V1、V2、V3、V4 均为跳变电压，V1、V2 为 0～5V 脉

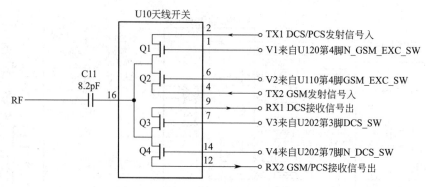

图 7-18　摩托罗拉 V60 手机频段转换及天线开关 U10

冲电压，V3、V4 为 0～2.75V 脉冲电压。

三、射频滤波电路

摩托罗拉 V60 手机接收射频滤波电路的原理如图 7-19 所示。

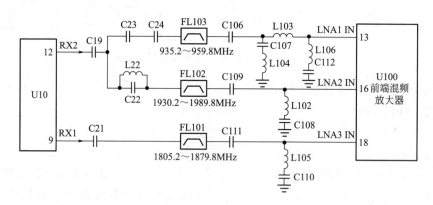

图 7-19　摩托罗拉 V60 手机接收射频滤波电路

当手机工作在 GSM 频段时，由频段转换及天线开关 U10 第 12 脚送来的 935.2～959.8MHz 的射频信号经 C19、C24 等耦合进入带通滤波器 FL103，FL103 使 GSM 频段内 935.2～959.8MHz 的信号都能通过，而该频带外的信号被衰减滤除。FL103 输出信号经匹配网络（主要由 C106、L103、C107、L104、L106、C112 等组成），从 U100（高放/混频模块）的 LNA1 IN（第 13 脚）进入 U100 内的低噪声放大器。

当手机工作在 PCS 频段时，由天线开关 U10 第 12 脚送来的 1930.2～1989.8MHz 的射频信号经 C19、C22 等耦合进入带通滤波器 FL102。FL102 使 PCS 频段内 1930.2～1989.8MHz 的信号通过，而该频带外的信号被滤除。FL102 的输出信号经 C109 耦合，从 U100 的 LNA2 IN（第 16 脚）进入 U100 内的低噪声放大器。

当手机工作在 DCS 频段时，由频段转换及天线开关 U10 第 9 脚送来的 1805.2～1879.8MHz 的射频信号经 C21 耦合进入带通滤波器 FL101。FL101 使 DCS 频段内 1805.2～1879.8MHz 的信号通过，而该频带外的信号被滤除。FL101 的输出信号经 C111 耦合，从 U100 的 LNA3 IN（第 18 脚）输入 U100 内部的低噪声放大器。

四、低噪声放大器/混频模块 U100 及中频选频电路

摩托罗拉 V60 手机把低噪声放大器和混频器集成在一起，而非以往机型前端电路采用分立元件的做法，U100 支持 3 个频段的低噪声放大和混频，U100 的电源为 RF _ V20，其电路原理如图 7-20 所示。

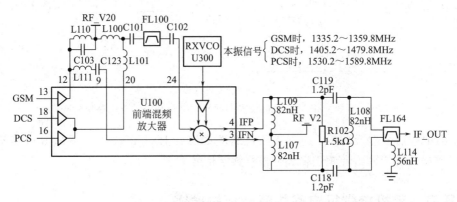

图 7-20　摩托罗拉 V60 手机接收低噪声/混频模块 U100 及中频选频电路

工作在 GSM 通道时，由 U100 的第 13 脚输入为 935.2～959.8MHz 的信号经 U100 内部的低噪声放大器放大后，从第 12 脚输出，经由 L111、C123 谐振，又从第 9 脚返回 U100。该信号与来自 RXVCO U300 的一本振频率（1335.2～1359.8MHz）进行混频。

工作在 PCS 和 DCS 频段时，分别由 U100 的第 16、18 脚输入 1930.2～1989.8MHz 的信号和 1805.2～1879.8MHz 的信号，经 U100 内部的低噪声放大器分别放大后走同一路径，从第 20 脚输出，经 FL100 等元件选频、滤波后，从第 24 脚返回 U100。PCS 信号与来自 RXVCO U300 产生的一本振频率 1530.2～1589.8MHz 进行混频；DCS 信号与来自 RXVCO U300 产生一本振频率 1405.2～1479.8MHz 进行混频。

从 GSM、DCS 或 PCS 通道送来的射频信号，分别从 U100 的第 9 脚和第 24 脚进入 U100 内部混频器与一本振混频，产生一对相位差为 180° 的 IFP、IFN 中频信号（400MHz），双平衡输出进入平衡与不平衡变换电路，经中心频率为 400MHz 的中频滤波器 FL104 转变为一路的不平衡信号。前边双平衡输出的目的是为了消除不必要的射频信号和本振寄生信号，后边转变为不平衡是为了方便中放管的工作。

五、中频放大电路与中频双工模块 U201

Q151 是 V60 手机中频放大器的核心，是典型的共射级放大电路，Q151 的偏置电压 SW _ VCC 来自于 U201，由 RF _ V2 在 U201 内部转换产生，R104 是 Q151 上偏置电阻，用来开启 Q151 的直流通道，R105 是下偏置电阻，用来调节 Q151 的基极电流，C124 和 C126 是允许交流性质的中频信号（400MHz）通过，隔绝 SW _ VCC 电压进入 U201 和 FL 104，如图 7-21 所示。

FL 104 输出的中频信号经 C124 耦合到 Q151（b 级），放大后由 C126、C128 耦合到 U201 的 PRE IN（A7 脚）。400MHz 的中频信号在 U201 内进行适当地放大，增益量由 AGC 电路根据接收信号的强弱来决定。接收信号越弱，所需增益量越大；接收信号越强所需增益量也就越小。800MHz 的接收中频 VCO 信号被二分频、移相，在 I/Q 解调电路中与

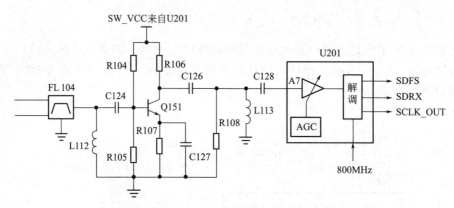

图 7-21　摩托罗拉 V60 手机接收中频放大电路与中频双工模块 U201

400MHz 的中频信号进行混频，得到接收机的基带信号 RXI/RXQ，获得的 RXI/RXQ 信号通过串行数据总线传输给音频逻辑部分进行数字信号处理。

任务三　手机接收机电路故障分析与维修

手机在待机状态下，当背景灯熄灭时，电流应停留在 10～20mA，并且不断"脉动"，就像人的脉搏一样。如果不脉动或长时间脉动一次，不必看显示屏或手动搜索就可知手机的接收电路不良。接收电路故障会造成手机不入网、无信号条显示等现象。对于接受电路应重点检查以下几点。

一、天线开关

天线把从基站接收到的高频电磁波信号转化为高频信号电流后，经过一电容耦合输入到天线开关的天线输入端，然后经由天线开关的相应端口分别连接到手机的接收与发射电路，天线开关的引脚虽多，但在实际的维修中，真正能用得上的只有 3 个端口：GSM 接收端口、GSM 发射端口和天线端口。

天线开关是手机的"入口"和"出口"，只有天线正常的接通接收通道和发射通道，手机才能正常的接收和发送。天线开关不正常会引起不入网、无发射、信号弱、信号不稳、发射关机等故障。

天线开关的判断，可采用以下方法。

1."假天线"法

用一根 10cm 长的导线作假天线，焊在天线开关 GSM900MHz 输出端，若手机正常，说明天线开关可能有故障，可加焊或者更换处理（也可能是控制信号不正常）。

2. 频谱仪测量法

利用射频信号源输出 −50dBm 左右的射频信号，加到天线接口，设置频谱仪的中心频率与射频信号源频率一致，在天线开关的接收输出端，用频谱仪测量看信号是否送达，若没有，天线开关损坏（也可能是控制信号、供电不正常）。

二、滤波器

在手机电路中，滤波器的引脚在其下面，实际应用中，主要引脚是输入、输出和接地端。手机滤波器是 SON 封装模块，是无源器件，所以没有供电端。

摔过和进过水的手机易发生滤波器虚焊或损坏，这类元件是陶瓷物质，其脚位是电镀层，容易受外力或腐蚀而脱落，从而引起手机不入网、无发射等故障。

滤波器检修，可采用以下方法。

1. 替代法

用新的滤波器进行代换。

2. 短接法

首先观察引脚是否有虚焊或氧化，然后给手机接上稳压电源，用镊子两端触及滤波器输入端、输出端，双模输入、输出可用两支镊子短接（也可以用 10pF 的电容短接输入和输出端），同时观察电流表和显示屏。如果接收正常，电流表指针在 0～30mA 之间小幅度摆动（不同的手机摆动的大小不同，维修时注意积累资料）且手机的显示屏上应有信号条显示。如果短接时，电流表指针在接收正常范围并有小幅度摆动且手机出现了信号条，可断定该滤波器为故障点，更换或补焊滤波器即可。

手机滤波器容易摔坏，应急时可以短接，但短接滤波器后，会把很大的带外杂波放大后进入后级，影响后级的信号处理，所以最好还是更换滤波器。

3. 频谱仪测量法

对于射频滤波器的检修，首先利用射频信号源输出 -40dBm 左右的射频信号加到天线接口，设置频谱仪的中心频率与射频信号源频率一致，在滤波器的输出端用频谱仪测量看高频信号是否送达，若没有，再检查射频滤波器的输入端射频信号是否正常，若正常，说明射频滤波器损坏。

对于中频滤波器的检修，维修人员需了解手机中频的频率（手机的一中频一般为 100MHz、45 MHz、225 MHz、400 MHz，二中频一般为 45 MHz、14.6MHz、13 MHz、6 MHz）。先将射频信号源输出 -40dBm 左右的射频信号加到天线接口，设置频谱仪的中心频率与手机中频频率一致，在滤波器的输出端用频谱仪测量看中频信号是否送达，若没有，再检查中频滤波器的输入端射频信号是否正常，若正常，说明射频滤波器损坏。

三、低噪声放大电路

低噪声放大和中频放大电路由分立元件组成，有些集成在芯片内，维修中发现，这些电路本身并不容易损坏，主要是供电不正常或线路中断。

对于低噪声放大电路的检修，可采用以下方法。

1. 干扰法

对于分立元件组成的低噪声放大电路，可用"干扰法"进行简单判断：用一导线在电灯线上绕几圈，在另一头焊上一个万用表探头，触及低噪声放大管的基板，用示波器可以在低噪声放大器的集电极观察到波形（交流线有感应），若测不到波形，说明低噪声放大电路有故障。

2. 频谱仪测量法

射频信号源输出 -50dBm 的射频信号，加到天线接口，用频谱仪在低噪声放大器的输出端和输入端分别测量射频信号，若输出端比输入端增大 10dB，说明低噪声放大器正常。

四、混频电路

对于混频器电路，无论是一混频还是二混频，都有两个信号输入端（交流），一个信号输出端。输入信号是射频信号和本振信号，输出信号是中频信号。混频电路的检修应重点检查混频器的输入、输出端信号是否正常。测量时，用射频信号源为手机天线接口输入−40dBm的信号，手机设置好信道并启动接收电路，用频谱仪测量。

需要注意的是：移动通信系统由很多个蜂窝小区组成，每个蜂窝小区会有多个不同信道的信号存在，也就是说，手机工作时，一混频器的输入端会有多个信道的射频信号（假设为3个），则3个射频信号和RXVCO混频后会产生3个一中频信号，只有经过一中频滤波器后，才能输出真正的中频信号。

五、接收 I/Q 解调电路

解调电路输出的 RXI/RXQ 信号是检修接收机电路的一个关键信号，可用示波器测量 RXI/RXQ 信号，测量方法如下。

① 将仪器探头接至 RXI/RXQ 测试端。

② 不要给手机接射频信号源，因为 RXI/RXQ 信号来自基站，接上信号源，反而测不到 RXI/RXQ 信号。

③ 在开机的 30s 内，可观察到 RXI/RXQ 信号，正常的 RXI/RXQ 信号波形如图 7-22 所示。

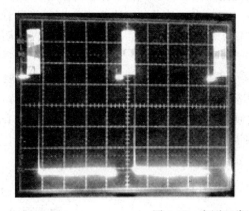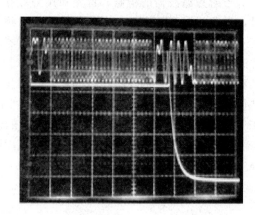

图 7-22　实测正常的 RXI/RXQ 信号波形

正常的 RXI/RXQ 信号其直流脉冲顶部有波状信号（同步信号），此信号为 I/Q 的交流成分、峰峰值约为 100mV。如果脉冲顶部平坦，说明 I/Q 不正常。这里需要注意的是，不同的测试设备测得的 RXI/RXQ 信号可能不一样。

RXI/RXQ 信号不正常，一般说明解调电路、13 MHz 时钟故障。解调电路一般集成在中频处理电路中，因此，应重点检查中频处理电路的供电是否正常，以及中频处理电路是否虚焊或损坏。

手机中的中频处理电路大量采用了 BGA 封装的集成电路，这些 BGA 封闭的 IC 很容易由于摔地、热膨胀等因素引起虚焊，造成手机不入网。日常维修中采用"按压法"判断故障是否由中频 IC 虚焊引起，判断方法：用橡皮将中频 IC 压紧，然后开机，看故障有无变化，若有变化，说明中频 IC 存在虚焊，对中频 IC 进行吹焊或植锡即可。

需要说明的是，现在生产的很多手机，其接收 RXI/RXQ 与发射 TXI/TXQ 信号共用相同的传输通道，由于接收机与发射机是不同时工作的，因此，RXI/RXQ 信号与 TXI/TXQ

信号不会同时出现，用示波器检测时，RXI/RXQ 信号与 TXI/TXQ 信号在时间轴上不会重合，也就是说，有 RXI/RXQ 信号的地方不会有 TXI/TXQ 信号，有 TXI/TXQ 信号的地方不会有 RXI/RXQ 信号。

任务四　射频供电电路故障分析与维修

射频供电不正常会引起不入网、无发射等多种故障，对于不同类型手机，它们的射频供电来源可能不同，有些手机的射频电路的供电和逻辑电路的供电直接由一块电源 IC 供电，有些手机设有专门的射频供电电源 IC 为射频电路供电，另外一些手机的射频供电较为复杂，由电源电路和射频电路共同提供。

手机的射频电路供电电压比较复杂，既有直流供电电压，又有脉冲供电电压，而且这些供电电压大都是受控的，也就是说，有些射频供电电压在待机状态下是测不到的，只有手机处于发射状态下才可以测到。原因有两点：一是为了省电；二是为了与网络同步，使部分电路在不需要时不工作，否则，若射频电路都启动，手机工作就会紊乱。

射频电路的受控电压一般受 CPU 输出的接收使能 RXON（RXEN）、发射使能 TXON（TXEN）等信号控制，由于 RXON、TXON 信号为脉冲信号，因此，输出的电压也为脉冲电压，一般需用示波器测量，用万用表测量要小于标称值。这里需要特别指出的是，手机的 13MHz 压控振荡器（VCO）或 13MHz 时钟电路不能采用脉冲供电方式，因为该电路产生的 13MHz 时钟信号是 CPU 工作的必要条件，若时钟电路不能连续工作，CPU 就不能正常工作。

为正确测量射频供电电压波形，测试时需要启动接收或发射电路。启动接收或发射电路的方法如下。

① 摩托罗拉手机可以用专用的测试卡来启动，利用测试卡通过输入相应的指令就可以启动发射电路。

② 诺基亚手机可用专用的维修软件来启动。

③ 多数手机可通过拨打"112"、"10086"来启动。这种方法适合于拆机后拨打 112 比较方便的手机。但缺点是测试较麻烦，既要拨打 112，又要测试，十分忙乱。

④ 人工干预法，这是一种比较实用和操作比较简捷的方法。人工干预法是将发射启动信号（TXON 或 TXEN）飞线接高电平端（如 3V），使发射电路处于连续工作状态。发射电路启动后，利用示波器或频谱分析仪测量发射 VCO、功放输出的信号。

实践中发现，要正确用好人工干预法并非易事，需掌握好一定的技巧才能运用自如。这是因为，将 TXEN 飞线接高电平端（如 3V），很多手机的功放处于最大功率，而且是连续工作，会出现很大的发射电流，如果稳压电源输出电流不够大，稳压电源会过流保护，使手机关机。另外极大的电流容易造成手机元器件损坏。

手机的接收电路在待机时是间隙工作的，即大部分时间不工作，偶尔"醒一下"找一下网络，用示波器测量接收电路供电电压，波形表现为一闪一闪的（与网络同步时出现），发射电路在待机状态下一般不工作。只要拨打"112"，均可同时启动接收和发射电路，接收和发射电路的供电均可测到。

任务五　手机发射机电路结构框图及信号流程

手机发射电路将 67.707kHz 的 TXI/TXQ（发射模拟基带信号）上变频为 880～915MHz（GSM900MHz 频段）或 1710～1785MHz（DCS1800MHz 频段）的射频信号，并进行功率放大，使信号从天线发射出去。

一、发射机电路结构框图

手机的发射机有三种电路结构，一是带偏移锁相环的发射机，二是带发射上变频电路的发射机，三是直接变频发射机。

1. 带偏移锁相环的发射机

发射变频电路主要采用了一个偏移锁相环路。其中，发射本振（TXVCO）输出的是已调发射信号，该信号经功放电路放大后，从天线发射出去；同时，对发射本振输出的采样信号与接收一本振频率信号混频得到一个差频信号，该差频信号送到鉴相器中与发射中频信号进行相位比较，用得到的差值去控制发射本振的振荡频率，使发射本振的输出频率保持稳定和准确，即保证手机的发射频率稳定和准确。

带偏移锁相环的发射机电路原理框图如图 7-23 所示。

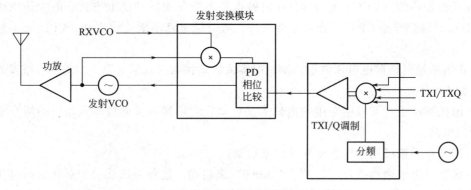

图 7-23　带偏移锁相环的发射机电路框图

2. 带发射上变频的发射机

带发射上变频电路的发射机与带偏移锁相环的发射机在 TXI/TXQ 调制之前都是一样的，其不同之处在于 TXI/TXQ 调制后的发射已调信号在一个发射混频器中与 RXVCO（或称 UHFVCO、RFVCO）混频，得到发射信号。

带发射上变频的发射机电路原理图如图 7-24 所示。

3. 直接变频发射机

直接变频发射机与上面两种发射机电路结构有明显的区别，调制器直接将 TXI/TXQ 信号变换到要求的射频信号。

直接变频发射机电路原理图如图 7-25 所示。

三种发射机电路结构相同之处：发射前端（从送话器到 TXI/TXQ 输出）和末端（功率放大至天线发射）都是相同的。

三种发射机电路结构区别：发射频率变换（提高）的方式不同。

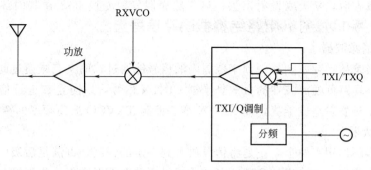

图 7-24　带发射上变频器的发射机电路框图

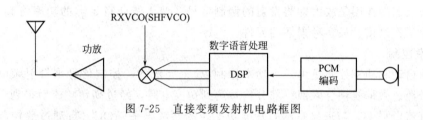

图 7-25　直接变频发射机电路框图

二、信号流程

送话器将声音信号转化为模拟话音电信号，经 PCM 编码变化为数字信号；该数字信号经数字信号处理（DSP）、最小高斯频移键控（GMSK）调制得到发射模拟基带信号（TXI/TXQ），该基带信号被送到发射电路；信号在中频模块内完成 I/Q（同相/正交）调制和中放，该发射中频信号经发射变频电路处理得到发射射频信号，经功率放大器放大后，由天线发射出去。

三、发射机各部分功能电路

1. 发射音频通道

MIC 将声音信号转换为模拟电信号，并只允许 300～3400Hz 的信号通过。模拟信号经过 A/D 转换，变为数字信号，经过语音编码、信道编码、交织、加密、突发脉冲串等一系列处理，对带有发射信息、处理好的数字信号进行 GMSK 编码并分离出 4 路 I/Q 信号，送到发射电路。

2. 发射 TXI/TXQ 调制电路

经过发射音频通道分离出来的 4 路 I/Q 信号在调制器中被调制在载波上，得到发射中频信号。四路 I/Q 调制所用的载波，一般由中频 IC 内振荡电路或由二本振分频得到。

3. 发射变换电路

四路 TXI/TXQ 信号经过调制后得到发射中频信号后，在鉴相器（PD）中与 TXVCO 和 RXVCO 混频后得到的差频进行鉴相，得到误差控制信号去控制 TXVCO 输出频率的准确性。

4. 发射本振 TXVCO

由振荡器和锁相环共同完成发射频率的合成（GSM 频段：890～915MHz，DCS 频段：1710～1785 MHz），发射本振的去向有两个地方：一路经过缓冲放大后，送到前置功放电

83

路，经过功率放大后，从天线发射出去；另一路送回发射变换 IC，在其内部与 RXVCO 经过混频后得到差频作为发射中频信号的参考频率。

5. 环路低通滤波器

低通滤波器是从零频率到某一频率范围内的信号能通过，而又衰减超过此频率范围的高频信号的元件。环路低通滤波器的目的是平滑 CP-TX 信号，以防止在进行信道切换时出现尖峰电压，防止对发射造成干扰，使 CP-TX 准确控制 TXVCO 振荡频率的精确性。

6. 前置放大器

前置放大器的作用有两个，一是将信号放大到一定的程度，以满足后级电路的需要；二是使发射本振电路有一个稳定的负载，以防止后级电路对发射本振造成影响。

7. 功率放大器

功率放大器的作用是放大即将发射的调制信号，使天线获得足够的功率将其发射出去。它是手机中负担最重、最容易损坏的元件。

8. 功率控制

功放的启动和功率控制是由一个功率控制 IC 来完成的，控制信号来自射频电路。功放的输出信号经过微带线耦合取回一部分信号送到功控电路，经过高频整流后得到一个反映功放大小的直流电平 U，与来自基站的基准功率控制参考电平 AOC（自动过载控制）进行比较，如果 U＜AOC，功率控制输出脚电压上升，控制功放的输出功率上升，反之控制功放的输出功率下降。

任务六　手机发射机电路原理图

一、发射电路原理图

手机发射电路原理方框图如图 7-26 所示。

话音信号通过机内送话器或外部免提送话器，形成的模拟话音信号经 PCM 编码，又通过 CPU 处理产生的 TXMOD 信号进入 U201 内部进行 GMSK 调制等，并经发射中频锁相环输出调谐电压（VT）去控制 TXVCO U350 产生适合基站要求的带有用户信息的频率，经过 Q530 发信前置放大管给功放提供相匹配的输入信号。

其中，TXVCO U350 内部有两个振荡器，一个专用于 GSM 频段以产生 890.2～915.8MHz 的频率；一个专用于 DCS/PCS 频段以产生 1710.2～1909.8MHz 的频率。

V60 手机的末级功放共有两个：一个专用于 GSM 频段，一个专用于 DCS/PCS 频段。它们不能通用，但工作原理相同，由 PA _ B+供电，功率控制 U400 负责对功放输出的频率信号采样，并和自动功率控制信号 AOC _ DRIVE 比较后，产生功控信号分别调整 GSM 功放 U500 和 DCS/PCS 功放 U550 的发射输出信号的功率值，经天线开关，由天线发射至基站。

二、发射 TXVCO U350

发射 TXVCO 电路原理图如图 7-27 所示。

摩托罗拉 V60 的 TXVCO 有两个振荡器，这是因为振荡频带太宽的缘故（890.2～1909.8MHz）。其中一个工作在低端，即 GSM 频段的 890.2～915.8MHz，另一个工作在高端，

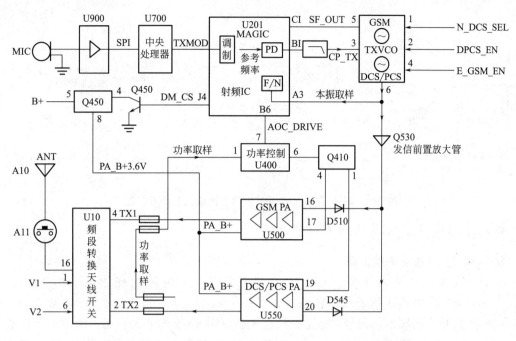

图 7-26　摩托罗拉 V60 手机发射部分电路原理方框图

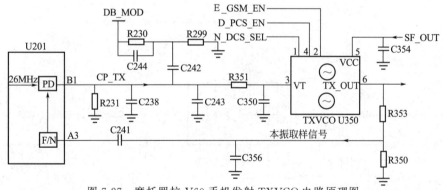

图 7-27　摩托罗拉 V60 手机发射 TXVCO 电路原理图

即 DCS/PCS 频段的 1710.2～1909.8MHz（DCS 频段的 1710.2～1784.8MHz、PCS 频段的 1805.2～1909.8MHz）。从 TXVCO U350 第 6 脚输出频率的高低受第 1、2、4 脚的三频切换控制信号和第 5 脚的压控信号来控制；当第 1 脚和第 2 脚为高电平，第 4 脚为高电平时，TXVCO 工作在 GSM 频段；当第 1 脚和第 2 脚为低电平，第 4 脚为高电平，TXVCO 工作在 DCS 频段；当第 1 脚和第 4 脚为高电平，第 2 脚为低电平时，TXVCO 工作在 PCS 频段。

三、发信前置放大电路

TXVCO 输出的已调模拟调制信号虽然在时间上和频率精度上符合基站的要求，但发射功率还小很多，所以设置了前置放大电路，如图 7-28 所示。该电路是以 Q530 为核心的典型的共射级放大器，由 EXC_EN 为其提供偏置电压。

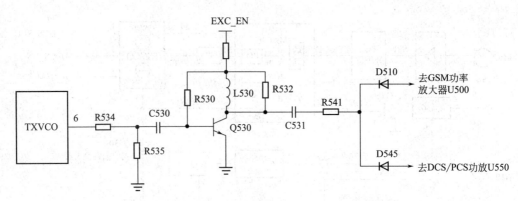

图 7-28　摩托罗拉 V60 手机发信前置放大电路原理图

四、末级功率放大器及功率控制电路

1. GSM PA 末级功率放大器

GSM PA 末级功率放大器（U500）内有三级放大，电路原理如图 7-29 所示。由 PA _ B＋分别通过电感式微带线给各级放大器提供偏置电压。当工作在 GSM 频段时，由 U500 第 16 脚输入射频发信信号，通过三级放大后由第 6～9 脚送出，每一级放大器的放大量由 U400 功率控制通过 Q410 提供，第 13 脚为 U500 工作的使能信号（当在 GSM 频段时为高电平）。

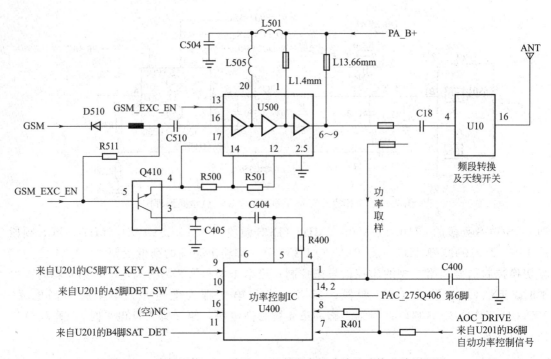

图 7-29　摩托罗拉 V60 手机 GSM 频段末级功放及功控电路原理图

功控信号的产生过程为：由微带互感线将末级功放发信信号取样后，输入给功率控制 IC U400 通过对该取样信号的分析与来自 U201 的自动功率控制信号进行比较后，从第 6 脚输出功控信号，再经频段转换开关 Q410 给 GSM 或 DCS/PCS 末级功放送出功率控制。其中，功率控制 U400 的第 14 脚为其工作电源；第 9、10 脚为功控 IC 工作的使能信号。

2. DCS/PCS PA 末级功率放大器

如图 7-30 所示，DCS/PCS PA 末级功率放大器（U550）内共有三级放大，每一级放大器的供电由 PA_B+ 通过电感或微带线提供。当 DCS/PCS 时，由 U550 的第 20 脚输入射频发信信号，经过内部的三级放大后，从第 7～10 脚输出给天线部分。每一级放大器的放大量由功率控制 U400 通过 Q410 提供。第 3 脚为 U550 工作的使能信号，当工作在 DCS/PCS 频段时为高电平，U550 有效。

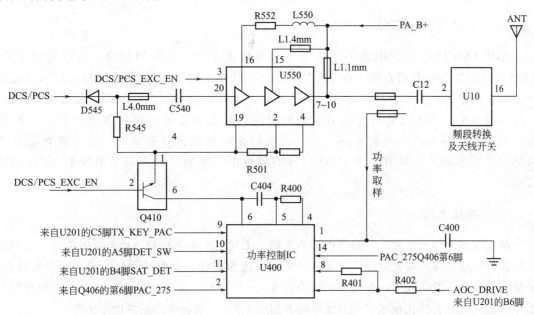

图 7-30 摩托罗拉 V60 手机 DCS/PCS 频段末级功放及功控电路原理图

五、功放供电 PA_B+ 产生电路

摩托罗拉 V60 手机的末级功率放大电路供电 PA_B+ 首先由 B+ 供到 Q450 第 7、6、3、2 脚，Q450 的第 1、5、8 脚为输出脚。当 Q450 的第 4 脚为高电平时，Q450 的第 1、5、8 脚无电压；当 Q450 的第 4 脚为低电平时，接通 Q450，第 1、5、8 脚输出 3.6V 的电压，即 Q450 的第 4 脚为控制脚。

当来自 U201 的 J4 脚的 DM_CS 为高电平时，导通 Q451，即通过 Q451 的 c 极、e 极接地，把 Q450 的第 4 脚电平拉低，此时 Q450 导通，第 1、5、8 脚有 PA_B+3.6V 给末级功放供电。其电路原理如图 7-31 所示。

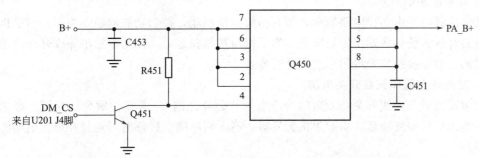

图 7-31 摩托罗拉 V60 手机功放供电 PA_B+ 产生电路原理图

87

任务七　手机发射机电路故障分析与维修

发射电路故障一般会引起手机无发射或发射关机等故障，有些手机还会导致不入网故障。

发射电路的很多供电、输入、输出信号只有在发射状态下才能测量到，因此，检修发射电路应首先启动发射电路，使发射电路工作，然后再借助示波器、频谱仪进行测量。

一、发射 TXI/TXQ 调制电路

发射 TXI/TXQ 调制电路不正常会引起手机无发射、不入网故障。对于发射 TXI/TXQ 调制电路，一是检查输入的 TXI/TXQ 信号是否正常，TXI/TXQ 信号可用示波器进行测量，测量时，需要启动发射电路，正常的 TXI/TXQ 信号与 RXI/RXQ 信号比较相似；二是检查 TXI/TXQ 调制电路输出的发射中频信号是否正常，可用频谱分析仪进行测量，测量时，需要启动发射电路，需要说明的是，用频谱仪测量时，需要将频谱分析仪的中心频率调节到发射中频 VCO 信号的频点上，需要维修人员了解发射 VCO 的输出频率。

二、功放电路

功放电路工作不正常，一般会引起不入网、无发射、不能拨打电话、发射关机、发射低点报警等故障。判断功放电路是否正常可采用电流测量法：正常的手机，启动发射电路后，手机的工作电流变化较大，其变换范围应在 150mA 左右，若变换很小，一般说明功放没有工作或无供电；若变化很大（超过正常的发射电流），一般说明功放性能不正常。

对功放及功控电路应重点检查以下几点。

1. 功放的供电

对于 GSM 手机，由于其工作是间断的，因此，功放的供电也是间断的，但这并不是说功放的供电必须是脉冲电压。例如很多手机的功放供电是直接接到电池的正极上的，不过，在功放的内部设有开关电路，通过控制电源的通断来达到控制功率间断输出的目的。

2. 功放的输入和输出信号

可用频谱分析仪进行检测，正常情况下，功放的输出信号和输入信号频率相同，但输出信号的幅度比输入信号要大得多。需要注意的是，若使用频谱仪，中心频率应选择在 (915－890) /2＋890＝902.5MHz。

3. 功率控制信号

功率控制信号由功控电路输出，加到功放的控制端，控制功放的输出功率。当手机与基站很近的时候，使功率输出等级降低；当手机与基站较远时，使功率输出等级升高，达到省电的目的。功率控制信号可用示波器进行检查。

4. 发射滤波器和天线开关电路

发射滤波器和天线开关是发射信号传输的"必经之路"，若元件虚焊、损坏，必然会使信号中断或信号幅度降低，引起手机无发射、不入网故障。维修时可通过补焊、更换的方法进行维修。

判断发射滤波器和天线开关是否有故障可采用假天线法来确定故障部位，即用一段

10cm 长的漆包线焊在天线开关的发射信号的输入端，若能发射，说明天线开关有问题。同理，将假天线焊在发射滤波器的输入或输出端可判断发射滤波器是否正常。

另外，发射滤波器和天线开关的好坏也可用频谱仪进行判断。需要主要的是，若使用频谱仪，中心频率应选择在（915－890）/2＋890＝902.5MHz。

任务八 频率合成器电路结构框图

在移动通信中，移动台必须在系统的控制下随时改变自己的工作频率，提供多个信道的频率信号。在移动设备中使用多个振荡器是不现实的，通常使用频率合成器来提供足够精度、稳定性高的大量不同的工作频率。

一、频率合成器电路的组成

频率合成电路为接收通路的混频电路和发射通路的调制电路提供接收本振频率和发射载频频率。一部手机一般需要两个振荡频率，即接收本振频率和发射载频频率。有的手机则具有 4 个振荡频率，分别提供给接收第一、第二混频电路和发射第一、第二调制电路。目前，手机电路中常以晶体振荡器输出为基准频率，采用 VCO 电路的锁相环频率合成器，它受逻辑/音频部分的中央处理器（CPU）控制，自动完成频率变换。带锁相环的频率合成器由基准频率、鉴相器（PD）、低通滤波器（LPF）、压控振荡器（VCO）、分频器等组成一个闭环的自动频率控制系统。

频率合成器电路原理方框图如图 7-32 所示。

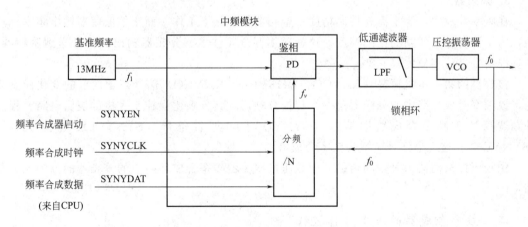

图 7-32 频率合成器电路原理方框图

1. 参考晶体振荡器

参考晶体振荡器在频率合成乃至在整个手机电路中都是很重要的。在手机电路中，特别是 GSM 手机中，这个参考晶体振荡器被称为基准频率时钟电路，它不但给频率合成电路提供参考频率，还给手机的逻辑电路提供基准时钟，如该电路出现故障，手机将不能开机。

GSM 手机参考晶体振荡器产生的信号有 13MHz、26MHz 或 19.5MHz。CDMA 手机通常使用 19.68 MHz 的信号作为参考信号，也有的使用 19.2 MHz、19.8 MHz 信号。

WCDMA手机一般使用 19.2MHz，有的使用 38.4MHz、13MHz。

2. 鉴相器

鉴相器简称 PD（Phase Detector），鉴相器是一个相位比较器，它对输入的基准频率信号与压控振荡器（VCO）输出的振荡信号进行相位比较，差值反映了 VCO 输出振荡信号的相位变化，鉴相器将压控振荡器的振荡信号的相位变化变换为电压的变化，鉴相器输出的是一个脉动直流信号，这个脉动直流信号经低通滤波器滤除高频成分后去控制压控振荡器电路。保持频率合成电路输出振荡信号的稳定和准确。

3. 低通滤波器

低通滤波器简称 LPF（Low Pass Filter），主要用在信号处于低频（或直流成分）并且需要削弱高次谐波或频率较高的干扰和噪声的场合。低通滤波器在频率合成器环路中又称为环路滤波器。它是一个 RC 电路。位于鉴相器与压控振荡器之间。

低通滤波器通过对电阻、电容进行适当的参数设置，使高频成分被滤除，由于鉴相器输出的不但包含直流控制信号，还有一些高频谐波成分。这些谐波会影响压控振荡器的工作，低通滤波器就是要把这些高频成分滤除，以防止对压控振荡器造成干扰。

4. 压控振荡器

压控振荡器简称 VCO（Voltage Control Oscillator）。压控振荡器是一个"电压-频率"转换装置。它将鉴相器 PD 输出的相差电压信号的变化转化成为频率的变化。

压控振荡器是一个电压控制电路，电压控制功能是靠变容二极管来完成的，鉴相器输出的相差电压加在变容二极管的两端，当鉴相器的输出发生变化时，变容二极管两端的反偏发生变化，导致变容二极管结电容改变，压控振荡器的振荡回路改变，输出频率也随之改变。

5. 分频器

在频率合成中，为了提高控制精度，鉴相器在低频下工作。而压控振荡器输出频率比较高，为了提高整个环路的控制精度，这就离不开分频技术。分频器输出的信号送到鉴相器，和基准信号进行相位比较。

接收机的第一本机振荡（RXVCO、UHFVCO、RHVCO）信号是随信道的变化而变化的，该频率合成环路中的分频器是一个程控分频器，其分频比受控于手机的逻辑电路。程控分频器受控于频率合成数据信号（SYNYDAT）、时钟信号（SYNYCLK）、使能信号（SYNYEN）。这三个信号又称为频率合成器的"三线"。

中频压控振荡器信号是固定的，中频压控振荡器频率合成环路中的分频器的分频比也是固定的。

二、频率合成器的基本工作过程

1. VCO 频率的稳定

当 VCO 处于正常工作状态时，VCO 输出一个固定的频率 f_0。若某种外界因素如电压、温度导致 VCO 频率 f_0 升高，则分频输出的信号为 f_n（$f_n = f_0 / f_n$），比基准信号高，鉴相器检测到这个变化后，其输出电压减小，使电容二极管两端的反偏压减小，这使得电容二极管的结电容增大，振荡回路改变，VCO 输出频率 f_0 降低。若外界因素导致 VCO 频率下降，则整个控制环路执行相反的过程。

2. VCO 频率的变频

为什么 VCO 的频率要改变呢？因为手机是移动的，移动到另一个地方后，为手机服务的小区就会分配新的频率给手机，所以手机就必须改变自己的接收和发射频率。

VCO 改变频率的过程如下：手机在接收到新小区的改变频率的信令以后，将信令解调、解码，手机的 CPU 就通过"三线"信号对锁相环电路发出改变频率的指令，去改变程控分频器的分频比，并且在极短的时间内完成。在"三线"信号的控制下，锁相环输出的电压就改变了，用这个已变大或变小的电压去控制压控振荡器内的变容二极管，则 VCO 输出的频率就改变到新小区的使用频率上。

三、手机常用频率合成器电路

在手机中，频率合成器主要是接收第一本机振荡器（简称第一本振）和接收第二本机振荡器（简称第二本振），或者是一个频率合成器模块（有时简称 VCO）能够同时提供多个频率的信号。第一本振信号、第二本振信号经常是收发电路共用的。

1. 第一本机振荡器

在逻辑电路电路的控制下，第一本振（摩托罗拉手机中成为 RXVCO、诺基亚手机中称为 UHFVCO、三星手机中称为 RX-LD）能自动跟踪 GSM 系统指定的信道频率变化。第一本振频率信号在手机电路中主要有 3 种应用形式：一是针对超外差接收方式，第一本振频率信号送到第一混频器中与低噪声放大后的接收射频信号混频，得到二者的差频（中频信号）；二是针对带偏移锁相环的发射电路，第一本振频率信号与发射本振信号混频得到一个差频信号，该差频信号送到鉴相器中与发射中频信号进行相位比较，用得到的差值去控制发射本振（TXVCO）的振荡频率，使 TXVCO 的输出频率保持稳定和准确；三是针对带发射上变频器的发射电路，第一本振频率信号与发射中频信号直接混频，得到发射频率信号。

2. 第二本机振荡器

在手机电路中，第二本振（有时称为中频本振，摩托罗拉手机中称为 IFVCO、诺基亚手机中称为 VHFVCO、三星手机中称为 IF-LD）频率信号主要有 3 种应用形式：一是针对超外差二次变频接收电路方式，第二本振频率信号与第一中频信号混频得到二中频信号；二是针对超外差接收方式，第二本振频率信号（或分频后）作为接收解调的参考信号；三是针对带偏移锁相环的发射方式和带发射上变频器的发射方式，第二本振频率信号被分频后作为发射中频信号的调制载波。

任务九 频率合成器电路原理图

摩托罗拉 V60 手机的频率合成器专为手机提供高精度的频率，它采用锁相环 PLL 技术，主要由接收一本振、接收二本振和发射 TXVCO 等组成。

一、接收一本振 RXVCO U300

摩托罗拉 V60 手机一本振电路是一个锁相频率合成器，RXVCO（U300）输出的本振信号从第 11 脚经过 L214、C356 等进入中频 IC U201 内部，经过内部分频后与 26MHz 参考频率源在鉴相器（PD）中进行鉴相，输出误差电压经充电泵 CHARGE PUMP 后从 CP _ RX 脚输出，控制 RXVCO 的振荡频率。该压控电路 CP _ RX 越高，RXVCO（U300）的振荡产生频率越高，反之越低。其电路原理如图 7-33 所示。

U201 内部分频器的工作电源是 RF _ V2，鉴相器、充电泵的工作电源是 5V；RXVCO

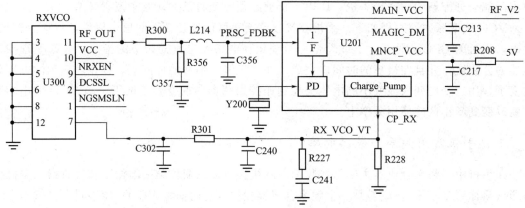

图 7-33　摩托罗拉 V60 手机接收一本振电路原理图

（U300）的工作电源是 SF OUT，它们的控制信号来自 Q402、Q351 和 U201。

二、接收二本振电路

摩托罗拉 V60 手机的 800MHz 频率二本振产生的电路是以 Q200 为中心的经过改进的考毕兹振荡器（三点式），R206、C208 和 C207 则构成低通滤波器。分频鉴相是在 U201 内完成的，RF_V2 是 Q200 的工作电源，分频器和鉴相器的工作电源由 5V 和 RF_V1 提供。

当振荡器满足起振的振幅、相位等条件时，Q200 产生振荡，并经 C204 取样反馈回 Q200 反复进行放大形成正反馈的系统，直至振荡管由线性过渡到非线性工作状态达到平衡后，由 C202 耦合至 U201 内部，其中一路经二分频去解调 IF400MHz 中频信号，另外一路与基准频率（26MHz）鉴相后，U201 输出误差电压，经低通滤波器除去高频分量，通过改变变容二极管 CR200 的容量，来控制二本振产生精准的 800MHz 频率供手机使用。其电路原理如图 7-34 所示。

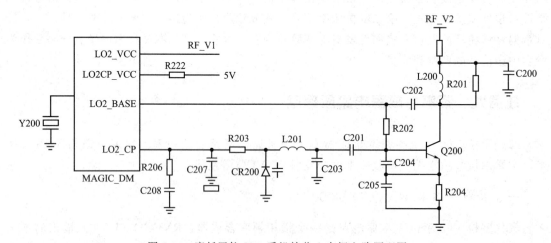

图 7-34　摩托罗拉 V60 手机接收二本振电路原理图

三、三频切换电路

摩托罗拉 V60 是一款三频手机，但它不能在工作时同时使用两个频段。手机在同一时间只能在某一个频段工作，或者 GSM 900MHz，或者 DCS 1800MHz，或者 PCS 1900MHz。

若需切换频段，则需要操作菜单，然后由 CPU 做出修改，修改的重点是射频部分。

在射频部分中，GSM、DCS、PCS 三者最大的区别有如下两点：一是所需的滤波器中心频点和滤除带宽不同（V60 设置了 3 个频段的滤波器通道，而开启这个通道的任务由 U10 频段转换及天线开关电路完成）；二是由于 3 个频段在手机的中频部分要合成一路，而中频频率是靠本振信号和接收的射频信号混频得到的，接收到的射频信号不是手机本身能改变的，所以为了适应不同射频信号而要得到同样的中频，手机只能主动改变本振的输出频率。

在摩托罗拉 V60 手机中，接收部分的一本振 RXVCO U300 与发射 TXVCO U350 都做成组件形式。在接收第一本振 RXVCO 中有一个 VCO，当三频切换电路控制它工作在某一频段时，它立即产生相应的频率。如在 GSM 频段时，它产生的频率范围为 1335.2～1359.8MHz；在 DCS 频段产生的频率范围为 1405.2～1479.8 MHz；在 PCS 频段产生的频率范围为 1530.2～1589.8 MHz；整个带宽的频率范围为 1335.2～1589.8 MHz，单靠改变压控电压显然不够，那么在 U300 的第 1 脚、第 2 脚就有两个极其重要的控制端，该控制信号由 CPU（U700）发出，经过中间变换，由 U201 送过来。

当第 1、2 脚均为低电平时，RXVCO 自动工作在 GSM 频段，当第 2 脚为高电平，第 1 脚为低电平时，RXVCO 工作在 DCS 频段；当第 2 脚为低电平，第 1 脚为高电平时，该 RXVCO 工作在 PCS 频段。当然，这么大的频率变化，混频器也是需要多个的，因此，V60 手机使用 U100 前端混频放大器。

在发射 TXVCO，摩托罗拉 V60 的 TXVCO 有两个振荡器，这是因为振荡频带太宽的缘故（890.2～1909.8 MHz）。其中一个工作在低端，即 GSM 频段的 890.2～915.8 MHz，另一个工作在高端，即 DCS/PCS 的 1710.2～1909.8 MHz（DCS 频段的 1710.2～1784.8 MHz、PCS 频段的 1850.2～1909.8 MHz）。

另外，功放电路也需要三频切换电路来控制。V60 手机有两个功放：一个工作在 GSM 频段，一个工作在 DCS/PCS 频段。

三频切换控制指令是 CPU U700 发出的，由中频模块（U201）输出 N_DCS_SEL、N_GSM_SEL 等信号，控制 Q203、Q204、Q403～Q406 等器件组成的电路适时地输出相应的信号，控制频段转换及天线开关（U10）、接收第一本振（U300）、发射 VCO（U350）和功放（U500）、U550 等电路，完成三频切换。控制信号采用 0～2.75V 的脉冲方式，是为了省电和抗干扰。

任务十 频率合成器故障分析与维修

频率合成电路不正常会引起不入网、无发射、信号弱等多种故障。

频率合成电路主要包括接收一本振、接收二本振和发射 VCO 频率合成电路，主要为手机的接收和发射电路提供所需的振荡信号。每一种频率合成电路由基准时钟电路、鉴相器、低通滤波器、压控振荡器和分频器 5 部分组成。

手机中的基准时钟电路是指 13 MHz 振荡电路（部分机型采用 26 MHz 或 19.5MHz），振荡频率应在 13 MHz±100Hz 之内，如果基准频偏大于 100Hz，则会产生无信号或通话掉话故障。除时钟本身频率不稳定产生频偏外，很多是由于时钟电路流经的电路故障引起的。另外基准时钟的控制信号 AFC 若断路或信号不正常，将严重影响到基准时钟的稳定性。

1. 基准时钟电路的检修

既可以用频谱仪进行检测 也可以用备用元件进行代替。

2. 压控振荡器

有些压控振荡器采用分立元件组成，有些则采用了集成电路。压控振荡器有 3 个比较重要的检测点：一是供电端，二是锁相电压控制端，三是 VCO 频率输出端。有些压控振荡器还设有频段控制端，用于对 VCO 的工作频段进行切换。

对于压控振荡电路，应注意检查三点。

（1）检查供电端

压控振荡器的供电电压为脉冲电压，需要用示波器测量，RXVCO、IFVCO 需要启动接收电路才能测量到，TXVCO 需要启动发射电路才能测量到。

（2）检查锁相环输出电压（一般由锁相环电路的一只脚输出）

需要用示波器测量，要启动接收电路才能测量到。在开机过程中，锁相环输出波形是一个不断变化的脉冲，幅度为 1～4V（峰-峰值）。不过，该波形并不总是出现，只有与网络同步时才出现，波形为一闪一闪的。

（3）压控振荡器应有输出

压控振荡器主要有 3 种：RXVCO、IFVCO 和 TXVCO。这 3 种 VCO 都可以用频谱分析仪进行检测，但检测的时机、方法不尽相同，下面分别介绍。

① RXVCO。手机在开机过程中，接收机要进行信道扫描，控制 RXVCO 在短时间内依次工作在 GSM 频段的所有信道上，RXVCO 的频率是随信道的变化而变化的。手机在待机状态下，CPU 电路将控制 RXVCO 电路工作在比较强的空闲信道上，在待机时，由于接收机是"睡眠"的，因此 RXVCO 并不是一直输出，而是一个闪现的信号，时有时无。只有当手机处于测试状态或建立通话时，RXVCO 频率才是固定的。

测量时，一般选在开机过程中进行测量，可用频谱仪进行检测，如果发现 RXVCO 的中心频率不断左右移动，说明 RXVCO 基本正常。需要说明的是，使用频谱仪时需要设置仪器的中心频率，中心频率 f_0 可通过上线频率 f_2 和下限频率 f_1 求出，即中心频率 $f_0 = (f_2 - f_1)/2 + f_1$。例如，若手机 RXVCO 在 GSM 频段产生的频率为 1160～1185MHz，则中心频率为 $f_0 = (1185 - 1160)/2 + 1160 = 1172.5$ MHz。若 RXVCO 的频率较高超出频谱仪测量量程，还需要"频率扩展器"配合后才能测量到。实测 RXVCO 信号波形如图 7-35 所示。

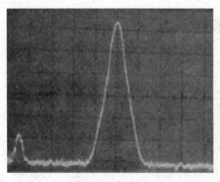

正常RXVCO信号

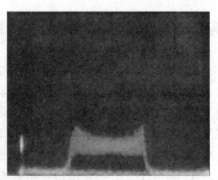

不正常RXVCO信号

图 7-35　实测 RXVCO 信号波形

② IFVCO。IFVCO 频率不随信道的变化而变化，即 IFVCO 的频率是固定的。在手机开机过程中，IFVCO 是一个单一的频谱，手机在待机状态下，由于手机处于"睡眠"状态，因此，IFVCO 是闪现的，即时有时无。测量时，一般选在开机过程中进行测量，可用频谱仪进行检测。如果检测到固定的 IFVCO 信号，说明 IFVCO 基本正常。正常的实测 IFVCO 信号波形如图 7-36 所示。

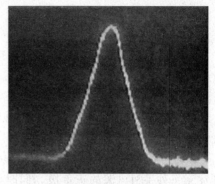

图 7-36　实测 IFVCO 信号波形

③ TXVCO。TXVCO 工作在发射频率上，其输出的信号就是发射频信号，TXVCO 是否有故障，可通过电流法进行判断：入网后拨打"112"，发现电流表轻微摆动，就是上不去（正常情况下电流表应迅速上升到 350mA 左右，然后在 250～350mA 之间有规律地摆动）。故障可能是 TXVCO 电路不正常工作引起。TXVCO 信号可用频谱分析仪进行测量，测量时需要启动发射电路，频谱仪中心频率应选择在（915－890）/2＋890＝902.5MHz。

3. 鉴相器和分频器

鉴相器和分频器一般集成在中频 IC 中，有些机型则集成在专设的一块锁相环 IC 内，CPU 通过"三条线"（即 CPU 输出的频率合成器数据 SYNDAT、时钟 SYNCLK 和使能 SYNEN 信号）对锁相环发出改变频率的指令，在这"三条线"的控制下，锁相环输出的控制电压就改变了，用这个已变大或变小了的电压去控制压控振荡器的变容二极管，就可以改变压控振荡器输出的频率。

检测此部分电路时，可用示波器测量 CPU 输出的频率合成器数据 SYNDAT、时钟 SYNCLK 和使能 SYNEN 信号波形。

4. 低通滤波器

低通滤波器一般由分立元件组成，用于将交流信号滤波成直流信号，可用万用表进行检测，也可用替换法进行代换。

任务十一　手机射频电路故障维修实训

1. 实训目的

① 通过对手机射频电路故障的维修训练，掌握手机射频电路的检测方法和维修方法。

② 提高对手机射频电路的认识。

③ 提高对手机射频电路元器件的认识。

④ 熟悉示波器、频率计和频谱分析仪的使用。

2. 实训器材与工作环境

① 不射频电路的故障机若干，备用旧手机板若干、常见手机元器件及盛放容器若干。

② 手机维修专用直流稳压电源一台、电源转换接口一套。

③ 万用表一块、示波器一台、频率计一台，若有条件，可配频谱分析仪一台。

④ 电脑、万用编程器及相应的适配器、各类软件维修仪及相应的数据线等。

⑤ 常用维修工具一套。

⑥ 常用手机电路原理方框图、电路原理图和手机机板实物彩图等资料。

⑦ 建立一个良好的工作环境。

3. 实训内容

请指导教师根据实验室的条件选择合适机型，指导学生对手机射频电路故障进行检测、分析和处理练习。

4. 注意事项

① 手机外加直流电源电压的标准值是 3.6V，不得超过或低于这个标准值，否则无法正确观察手机的整机工作电流。

② 注意不同的机型要用不同的电源转换接口，注意手机电源的正负极的极性特点，特别注意每种手机电源的正负极，同时要分清多引脚电源触点的温度检测线和电池电量检测线，以免电源极性加反，扩大手机故障。

③ 手机装上外壳开机时，使用的假天线不能用裸露的导线。

④ 使用频谱分析仪分析接收信号的频谱时，不要把干扰信号的频谱当作信号频谱。

⑤ 拆装机时要小心，以免损坏手机的元器件及外壳，尤其是显示屏；装机时不能遗忘小元器件。

⑥ 要能熟练地吹焊元件，在植锡技巧熟练的基础上进行焊接操作。

⑦ 要了解使用手机秘技维修手机故障的方法。

⑧ 积累实际维修经验，熟知手机开机发射时，射频电路工作动态电流的正常值。

⑨ 维修时，元器件要轻取轻放。

5. 实训报告

根据实训内容，完成手机射频电路故障维修实训报告。

项目八　手机逻辑/音频电路故障分析与维修

■ 知识目标

① 了解逻辑控制电路结构框图及信号流程；
② 掌握手机逻辑控制电路原理图；
③ 掌握逻辑控制电路故障分析和维修；
④ 了解音频电路结构框图及信号流程；
⑤ 掌握音频电路各功能部分原理及作用；
⑥ 掌握音频电路故障的检测和维修方法。

■ 能力目标

① 掌握逻辑控制电路结构图的识图能力；
② 掌握逻辑电路故障维修方法与技巧；
③ 提高对手机音频电路及其相应元器件的认识；
④ 掌握手机音频电路故障的维修方法。

逻辑/音频电路的主要功能是以中央处理器为中心，完成对话音等数字信号的处理、传输以及对整机工作的管理和控制，它包括系统逻辑控制电路和音频信号处理（也称基带语音处理电路）两个部分。实际的手机电路中，系统逻辑控制和音频信号处理两部分电路紧密结合在一起。

任务一　手机逻辑控制电路结构框图及信号流程

一、系统逻辑控制电路结构框图

在手机电路中，以中央处理器为核心的控制电路称为系统逻辑电路，它由中央处理器、存储器、总线和时钟等组成，其基本组成如图 8-1 所示。系统逻辑控制部分负责对整个手机的工作进行控制和管理，包括开机操作、定时控制、音频部分控制、射频部分控制，以及外部接口键盘、显示屏的控制等。

二、各部分电路功能

（1）中央处理器
这是微控制器的核心。
（2）存储器

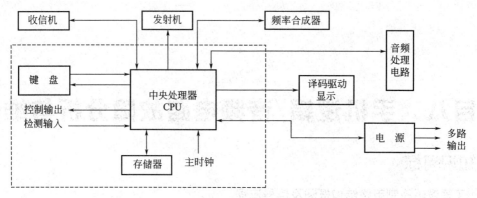

图 8-1　系统逻辑控制电路基本组成框图

包括两个部分，一是 ROM，它用来存储程序；二是 RAM，它用来存储数据，ROM 和 RAM 两种存储器是有所不同的。

（3）输入/输出（I/O）接口

这一接口电路分为两种：一是并行输入/输出接口；二是串行输入/输出接口。这两种接口电路结构不同，对信息的传输方式不同。

（4）时钟系统

手机中常见的是 13MHz（26MHz）和 32.768kHz。

中央处理器与上述四个基本部件电路之间通过地址总线（AB）、数据总线（DB）和控制总线（CB）连接在一起，再通过输入/输出接口与中央处理器的外部电路进行通信。

1. 中央处理器

中央处理器在手机中起着核心作用，手机所有操作指令的接收和执行、各种控制功能、辅助功能等都在中央处理器的管理下进行。同时，中央处理器还要担任各种运算工作。在手机中，中央处理器起着指挥中心的作用。

（1）中央处理器的基本结构

CPU 通常是简化指令集的计算机芯片，一个 CPU 单元通常提供一些用户界面、系统控制等，通常包含一个 CPU 核心和单片机支持系统。

（2）中央处理器的基本功能

中央处理器是手机的核心部分，主要完成以下功能。

① 信道编解码、交织、去交织、加密、解密。

② 控制处理器系统包括：16 位控制处理器，并行和串行显示接口，键盘接口，EEPROM 接口，存储器接口，SIM 卡接口，通用系统连接接口，与无线部分的接口控制，对背光进行可编程控制、实时时钟产生与电池检测及芯片的接口控制等。

③ 数字信号处理：16 位数字信号处理与 ROM 结合的增强型全速率语音编码，DTMF 和呼叫铃声发生器等。

④ 对射频电路部分的电源控制。

（3）中央处理器的工作流程

CPU 的基本工作条件有 3 个：一是电源，一般是由电源电路提供；二是时钟，一般是由 13MHz 晶振电路提供；三是复位信号，一般是由电源电路提供。CPU 只有具备以上三个基本条件后，才能正常工作。

手机中的中央处理器一般是 16 位微处理器，它与外围器件的工作流程如下。

按下手机开机按键，电池给电源部分供电，同时电源供电给中央处理器电路，中央处理器复位后，再输出维持信号给电源部分，这时即松开手机按键，手机仍然维持开机。

复位后，中央处理器开始运行其内部的程序存储器，首先从地址 0 开始执行，然后顺序执行它的引导程序，同时从外部存储器（字库、码片）内读取资料。如果此时读取的资料不对，则中央处理器会内部复位（通过 CPU 内部的"看门狗"或者硬件复位指令）引导程序，如果顺序执行完成后，中央处理器才从外部字库里取程序执行，如果取的程序异常，它也会导致"看门狗"复位，即程序又从地址 0 开始执行。

中央处理器读取字库是通过并行数据线和地址线，再配合读写控制时钟线 W/R，中央处理器还有一根外部程序存储器片选信号线，它和 W/R 配合作用，就能让字库区分读的是数据还是程序。

2. 存储器

存储器的作用相当于"仓库"，用来存放手机中的各种程序和数据。

所谓程序就是根据所要解决问题的要求，应用指令系统中所包含的指令，编成一组有次序的指令的集合。

所谓数据就是手机工作过程中的信息、变量、参数、表格等，例如键盘反馈回来的信息。

（1）只读存储器（ROM）

只读存储器是一个程序存储器，在手机系统中，有的程序是固定不变的，如自举程序或引导程序，有的程序则是可以进行升级的，如 FLASH 的特点是响应速度和存储器速度高于一般的 EPROM，在手机中它存储着系统运行软件和中文资料，所以叫它版本或字库。

① 字库的作用。字库在手机的作用很大，地位非常重要，具体作用如下：存储主机程序、存储字库信息、存储网络信息、存储录音、存储加密信息、存储序列号（IMEI 码）、存储操作系统等。

② 字库的工作流程。当手机开机时，中央处理器便传出一个复位 RESET 到字库，使系统复位。再待中央处理器把字库的读写端、片选端选定后，中央处理器就可以从字库内取指令，在中央处理器里运算、译码、输出各部分协调的工作命令，从而完成各自功能。

字库的软件资料是通过数据交换端和地址交换端与微处理器进行通信的。CE 端为字库片选端，OE 端为读允许端，REST 端为系统复位端，这四个控制端分别是由中央处理器加以控制的。如果字库的地址有误或未选通，都将导致手机不能正常工作，通常表现为不开机和显示字符错乱等故障现象。由于字库可以用来擦除，所以当出现数据丢失时可以用程序编程器或免拆机维修仪重新写入。和其他元件一样，字库本身也可能会损坏，如果是硬件出现故障，就要重新更换字库。

（2）电可擦可编程只读存储器（EEPROM）

电可擦可编程存储器是一块存储器，俗称"码片"，它以二进制代码的形式存储手机的资料，它存储的内容如下。

① 手机的机身码。

② 检测程序，如电池检测，显示电压检测等。

③ 各种表格，如功率控制、数模转换、自动增益控制、自动频率控制等。

④ 手机的随机资料，可随时存取和更改，如电话号码菜单设定等。

　　其中，码片中存储的一些系统可调节的参数，对生产厂家来说存储的是手机调试的各种工作参数及与维修有关的参数，如电池门限、输出功率表、话机锁、网络锁等。对于手机用户来说存储的是电话号码本，语音记事本及各种保密选项，如个人保密码，以及手机本身串号等。手机在出厂前都要上综测台对手机的各种工作进行调试，以使手机工作在最佳状态。调试的结果就存在码片里，所以不是在很必要的情况下不要去重写码片，以免降低手机的性能。

　　随着手机集成化程度的提高，手机已经没有"码片"这个单独的器件了，它们已经被集成到 FLASH 内部。

　　（3）数据存储器（RAM）

　　数据存储器它可读可写，是暂时寄存。SRAM 静态存储器平时没有资料，只是单片机系统工作时，为数据和信息在传输过程中提供一个存放空间，它存放的数据和资料断电就消失。现在 RAM 仍是中央处理器系统中必不可少的数据存储器，其最大的特点是存取速度快，断电后数据自动消失。随着手机功能的不断增加，中央处理器系统所运行的软件越来越大，相应的 RAM 的容量也越来越大，从早期的几十 K 到几百 K 再到今天的几十 M。

　　3. 输入/输出接口

　　输入/输出接口电路是指 CPU 与外部电路、设备之间的连接通道及有关的控制电路。由于外部电路、设备中的电平大小、数据格式、运行速度、工作方式等均不统一，一般情况下是不能与 CPU 相兼容的（即不能直接与 CPU 连接），外部电路和设备只有通过输入/输出接口的桥梁作用，才能进行相互之间的信息传输、交流并使 CPU 与外部电路、设备之间协调工作。

　　（1）并行总线接口

　　并行总线主要包括地址总线、数据总线和控制总线，在逻辑控制电路中，CPU 和外部存储器（FLASH 和暂存器）一般是通过并行总线进行通信的。

　　① 地址总线。地址总线（Address Bus）是用来由 CPU 向存储器单元发送地址信息，由于存储器单元不会向 CPU 传输信息，所以地址总线是单向传输的。

　　一个 8 位的 CPU，其地址总线数目一般为 16 根，一般用 A0~A15 表示，这 16 根地址总线可以寻址的存储单元目录是 $2^{16}=65536=64K$。一个 32 位的单片机，其地址总线数目一般为 32 根，一般用 A0~A31 表示。

　　另外，需要特别说明地址总线的信号传输方向，只能从 CPU 出发，而字库也只能被动的接收 CPU 发过来的寻址信号。明确这一点，对检修不开机的手机是很有帮助的，对于一台不开机的手机，取下字库测其他地址总线的寻址信号，如果正常，则要注意先检查 CPU 的工作条件是否满足，如供电，复位，时钟等。如果 CPU 的工作条件完全正常 CPU 还不能正常发出寻址信号的话，则 CPU 可能损坏。

　　② 数据总线。数据总线（Datas Bus）用来在 CPU 与存储器之间传输数据。由于数据可以从 CPU 传输到存储器，也可以反方向传输到 CPU 中，所以数据总线是双向数据传输的总线，与地址总线不同。

　　③ 控制总线。控制总线（Control Bus）是用来传输控制信息，例如传送中断请求、片选、数据读/输出使能、数据写/输入使能、读使能、写保护、地址使能信号、命令使能信号等。控制总线是单向传输的，但对 CPU 来讲，根据各种控制信息的具体情况，有的是输入

信息，有的是输出信息。

（2）I²C 串行总线接口

I²C（Inter Integrated Circuit Bus）常译为内部集成电路总线，或集成电路间总线，是荷兰飞利浦公司的一种通信专利技术，它可以由两根线组成：一个是串行数据总线（SDA），另一个是串行时钟线（SCL），可使所有挂接在总线上的器件进行数据传递，I²C 总线使用软件寻址方式识别挂接于总线上的每个 I²C 总线器件，每个 I²C 总件都有唯一确定的地址号，以使在器件之间进行数据传递，I²C 总线几乎可以省略片选、地址、译码等连线。

在 I²C 总线上，CPU 拥有总线控制权，又称为主控器，其他电路皆受 CPU 的控制，故将它们统称为控制器。CPU 能向总线发送时钟信号，又能积极地向总线发送数据信号和接收被控制器送来的应答信号，被控制器不具备时钟信号发送能力，但能主控器的控制下完成数据信号的传送，它发送的数据信号一般是应答信息，以将自身的工作情况告诉 CPU。CPU 利用 SCL 线和 SDA 线与被控电路之间进行通信，进而完成对被控电路的控制。

在手机电路中，很多芯片都是通过 I²C 总线和 CPU 进行通信的。

（3）SPI 串行总线接口

SPI（Serial Peripheral Interface，串行外设接口）是摩托罗拉公司推出的串行扩展接口，它可以使 CPU 与各种外围设备以串行方式进行通信来交换信息。

SPI 总线接口一般使用 4 条线：串行时钟（SCK）、主机输入/从机输出数据线（MISO）、主机输出/从机输入数据线（MOSI）、低电平有效的从机选择线（CS）。

和并行总线相比，使用 SPI 串行总线可以简化电路设计，节省很多常规电路中的接口器件和 I/O 接口线，提高设计的可靠性。

（4）USB 接口

USB 的全称为 "Universal Serial Bus"，USB 支持热拔插，具有即插即用的优点，所以 USB 接口应用十分广泛，USB 传输线分别由 GND、VBUS、USB_D+、USB_D-四条线构成，USB_D+、USB_D-是差分输入线，它使用的是 3.3V 电压，VBUS 是电源线，可向手机提供 5V 电压。

在手机 CPU 电路中，一般设有 USB 接口引脚，主要 USBCN（控制脚）、USBDM（数据脚）、USBDP（数据脚），这些引脚一般加到外部 USB 接口电路，通过 USB 接口电路和外部设备进行通信。

（5）JTAG 接口

JTAG（Joint Test Action Group），即联合测试行动小组，是一种国际标准测试协议，主要用于芯片内部测试。现在多数的高级器件都支持 JTAG 协议，如 DSP、FPGA 器件等。标准的 JTAG 接口是 4 条线：TMS、TCK、TDI、TDO，分别是模式选择、时钟、数据输入和数据输出线。

JTAG 最初是用来对芯片进行测试的，其基本原理是在器件内部定义一个 TAP（Test Access Port，测试访问口）通过专用的 JTAG 测试工具对内部节点进行测试。JTAG 测试允许多个器件通过 JTAG 接口串联在一起，形成一个 JTAG 链，能实现对各个器件分别测试。

（6）串行接口

CPU 的串行接口引脚主要有接收数据（RXD）和发送数据（TXD）两个引脚，和具有串行接口的外部设备进行通信，如手机通过尾插和电脑的串行接口进行通信、进行数据下载和软件下载等。

（7）通用输入/输出端口（GPIO）

GPIO 的全称是"General Pupose I/O"，即通用输入/输出端口。CPU 的通用输入/输出端口较多，功能定义也不尽相同，具体作用由各机型的软件进行定义，这些端口平时都是高电平（或低电平），当由于某些因素引起该脚变为低电平（或高电平）时，CPU 将据此作出反应，并对相关电路进行控制。

（8）通用开漏输出接口（GPO）

通用开漏输出接口（GPO）是一种漏极开路的通用输出接口，这种输出接口的特点是：引脚平时处于"悬空"状态（即高阻状态），必须外接电源才有输出，且输出电流较大，可直接驱动负载，如键盘灯。

（9）ADC 的输入接口

CPU 一般含有 ADC（模数转换）电路，可通过外部 ADC 引脚输入模拟信号，由 ADC 电路转换为数字信号，再进一步处理。

（10）DAC 输出接口

CPU 一般含有 DAC（数模转换）电路，可将内部数字信号转换为模拟信号，并通过外部 DAC 引脚输出。

4. 时钟

CPU 是按照一定的时间顺序定时工作的，即 CPU 按照时钟信号脉冲，把需要执行的指令按先后顺序排好，并给每个操作规定好固定的时间，使 CPU 在某一时刻只做一个动作，实现电路的有序工作。主时钟信号的产生按照机型的不同，产生方式也有区别，但是其作用却是一致的，即：供给逻辑部分，为 CPU 提供时钟信号等；供给射频部分，为频率合成器提供参考频率，整个手机系统在时钟的同步下完成各种操作。系统时钟频率一般为 13MHz，电路中多采用 13MHz 晶体或者 13MHzVCO 电路产生。也有的将 26MHzVCO 电路产生的 26MHz 信号再分频得到 13MHz 信号。

另外，手机内部还有实时时钟晶体，它的频率一般为 32.768kHz，用于提供正确的时间显示。若实时时钟信号出错，手机时间显示就会不正常。

三、逻辑电路的常见控制信号

1. 充电控制信号

控制充电电路给电池充电。

2. 开机维持信号

开机过程中，CPU 输出一个高电平信号到电源电路，控制电源电路保持输出，以完成开机。

3. AFC（自动频率控制）信号

该信号是逻辑电路中的 DSP 输出，它控制手机的时钟与蜂窝系统时钟同步。

4. 频率合成控制信号

CPU 的频率合成器输出控制信号主要有：频率合成使用（SYNYEN）、频率合成数据（SYNTDAT）、频率合成时钟（SYNYCLK），手机 CPU 就是通过三线对频率合成器的锁相环电路进行控制，以控制频率合成电路工作在相应的信道上。

5. 频段切换控制信号

双频或三频手机中往往有一个专门的频段切换控制信号，用于不同频段之间的切换。在双频手机中若该信号在 GSM 工作状态下是一个低电平，那么在 DCS 工作状态下是一个高电平。

6. 功能控制参考电平

该信号到发射机功率控制电路的电压比较器，与功率控制电路中的取样电压进行比较，以输出功率控制信号，控制发射功率的大小。

7. 接受、发射启动控制信号

控制接收、发射电路的启动（RXEN、RXON，TXEN、TXON）。对于接受启动控制信号，手机一开机，接受电路开始工作（开机找网），若 RXEN 信号不正常，则接收机肯定不能正常工作。发射启动控制信号则只有在发射电路工作时才出现。

8. 各种电源的启动控制信号

它们控制相应的电压调节器在适当的时间启动，如手机中的 RF ＿ POWER、CAM ＿ POWER。

9. 存储器的片选信号

控制逻辑电路中 RAM、EPROM、FLASH 等芯片的启动。

10. 红外控制信号

具有红外接口的 CPU 一般有以下功能引脚：红外控制（IRDA-PDN）、红外发送（IRDA-TXD）、红外接收（IRDA-RXD），CPU 通过红外线控制信号去控制外接的红外模块。

11. 蓝牙控制信号

CPU 的蓝牙接口一般有以下控制信号：音频时钟（PCM-CLK）、音频输入（PCM-IN）、音频输出（PCM-OUT）、音频控制（PCM-SYNS）、数据接收（UART-RX）、数据发送（UART-TX）、请求发送数据（UART-RTS）、清除发送数据（UART-CTS）、BT-WAKEUP（CPU 通过此脚唤醒蓝牙模块）、HOST-WAKEUP 或 BT-INT（蓝牙中断，如果手机处于睡眠状态，蓝牙模块通过此脚唤醒手机）。

12. 照相机控制信号

CPU 的照相机控制信号主要有：照相机并行数据（CAMDATA）、照相机时钟（CAM-CLK）、照相机复位（CAMRST）、照相机使能（CAMEN）等，用于和照相机模块电路进行通信，并对照相机模块进行控制。

13. LCD 显示控制信号

CPU 的 LCD 显示控制信号主要有显示并行数据（LCDDATA）、显示复位（LCD-RST）、显示片选（LCD-CS）、写控制端（LCD-WR）、读控制端（LCD-RD）、LCD 数据命令选择控制（LCD-RS）等。

14. 按键接口信号

CPU 通过按键行列引脚和按键相连，形成矩阵按键，当用户按下任何一个数字按键时，就会输出到 CPU 一个信号，同时在手机屏幕上对应显示出来。

开关机按键是连接到电源管理芯片的信号，并不是连接 CPU 的。

15. PWM 输出端口

CPU 的 PWM 输出端口可输出 PWM（脉宽调制）信号，在手机中，常用来调整显示背光灯的亮度。

PWM 信号是一种脉冲信号，脉冲的宽度由软件进行调整和控制，如果 PWM 引脚接有 RC 滤波电路，可将 PWM 脉冲平滑成直流电压，通过调整 PWM 信号的脉宽，从而调整背光灯的亮度。

16. 时钟系统

是中央处理器的重要系统，中央处理器的工作是按部就班的，其按一定规则排列时间顺序的定时，是由时钟系统控制的。时钟信号把中央处理器执行指令时要做的操作按先后顺序排好，并给每一个操作规定好固定时间，这样就可以使中央处理器在某一时刻只作一个动作，实现电路的有序工作。

任务二 手机音频电路结构框图及信号流程

一、手机音频电路结构框图

手机音频信号处理分为接收音频信号处理和发送音频信号处理，一般包括数字音频信号处理电路和模拟音频放大电路等，如图 8-2 所示。

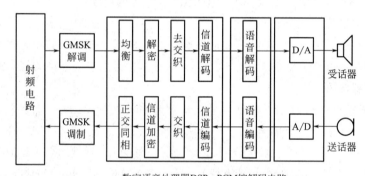

数字语音处理器DSP PCM编解码电路

图 8-2 音频电路结构

二、信号流程

1. 接收音频信号处理

接收信号时，先对射频部分送来的模拟基带信号（RXI/RXQ）进行 GMSK 解调（即模/数转换），接着进行解密、去交织、信道解码等处理，得到的数据流经过语音解码、D/A 转换（即 PCM 解码）转化为模拟语音信号，此声音信号经放大后驱动受话器发声。如图8-3所示为接收信号处理变化流程示意图。

2. 发送音频信号处理

发送信号时，送话器送来的模拟语音信号进过 PCM 编码得到数字语音信号，该信号先后进行信道编码、交织、加密、GMSK 调制等处理，最后得到 67.707kHz 的模拟基带信号（TXI/TXQ），送到射频部分的调制电路进行变频处理。如图 8-4 所示为发送音频信号处理变化流程示意图。

信号 1 是送话器拾取的模拟语音信号；信号 2 是 PCM 编码后的数字语音信号；信号 3 数码信号；信号 4 是经数字电路一系列处理后，分离输出的 TXI/TXQ 波形。信号 5 是已调中频发射信号；信号 6 是发射频率信号；信号 7 是已经功率放大的最终发射信号。

每种机型的模块和集成方式不同，具体情况也不尽相同，这是读图中值得注意的地方。

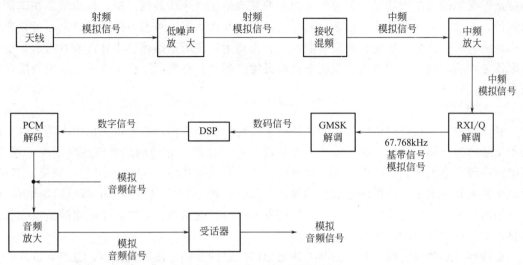

图 8-3　接收信号处理变化示意图

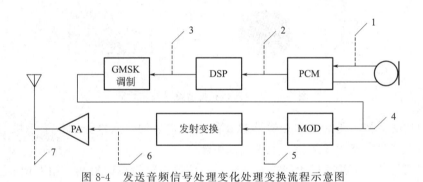

图 8-4　发送音频信号处理变化处理变换流程示意图

三、各部分电路功能

1. 送话器

送话器又被称为话筒，它是将声音转化为模拟电信号，该信号的频率成分丰富，在 20Hz～20kHz 之间（人的声音频率），但在实际电路中，送话器的输出端有一个电阻、电容构成的话音带形成滤波电路，只允许 300～3400Hz 的信号进入发射电路。因为 20Hz～20kHz 如此宽的语音频带在技术实现与制造上非常困难。

送话器在手机电路中连接的是发射音频电路，用字母 MIC 或 Microphone 表示。如图 8-5 所示是送话器的符号和实物。

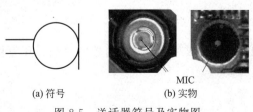

(a) 符号　　　　　　　(b) 实物

图 8-5　送话器符号及实物图

送话器有正负极之分，在维修时应注意，若极性接反，则送话器不能输出信号。判断送话器是否损坏的简单方法是：将数字万用表的红表笔接在送话器的正极，黑表笔放在送话器的负极。注意，如用指针式万用表，则相反。用嘴吹送话器，观察万用表的指示，可以看到万用表的电阻值读数发生变化或指针摆动。若无指示，说明送话器已损坏；若有指示，说明送话器是好的，指示范围越大，说明送话器灵敏度越高。在实际工作中也可以采用直接代换法来判断其好坏。

2. 受话器

受话器被用来在电路中将模拟的话音电信号转化为声音信号，是供人们听声的器件。受话器又被称为听筒、喇叭、扬声器等。受话器的种类很多，它是利用电磁感应、静电感应、压电效应等将电能转化为声能，并将其辐射到空气中去，与送话器的作用刚好相反。目前，手机中越来越多地采用高压静电式受话器，它通过给两个靠得很近的导电薄膜间加电信号，在电场的作用下，导电薄膜发生振动，从而发出声音。受话器在手机电路中接的是接收音频电路，用字母 SPK 或 EAR 表示。

振铃器又称为蜂鸣器，其原理与受话器相同，它的检测方法同受话器，也有手机的扬声器与振铃器二者用途合一的。受话器和振铃器的电路符号及实物如图 8-6 所示。

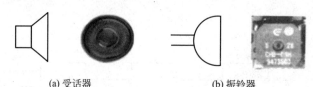

(a) 受话器　　　　　　(b) 振铃器

图 8-6　受话器和振铃器符号及实物图

手机中的送话器、受话器和振铃器的查找是很容易的，通常分别位于手机的底部和顶部。它们也常通过弹簧片或插座与手机主板相连。

可以利用指针式万用表的电阻挡对动圈式受话器进行简单的检测：用万用表的 $R \times 1$ 挡测其两端，正常时，电阻应接近于零，且表笔断续点触时，听筒或振铃器应发出"喀喀"声。

3. 振动器

振动器俗称马达、振子，用来来电振动提示。通常使用 VIB 或 Vibrator 来表示。振动器的符号和实物如图 8-7 所示。

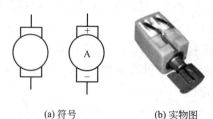

(a) 符号　　　　　　(b) 实物图

图 8-7　振动器符号及实物图

可以利用万用表的电阻 $R \times 1$ 挡对振子进行简单的判断：用万用表的表笔接触振子的两个触点，振子即会振（转）动，则为正常。

4. A/D 转换器

人的声音转化成电信号后被采样，采样速率为 8KHz，然后被量化（8bit 或 13bit），完成语音信号的 A/D 转换。

5. 语音编码器

A/D 转换后的输出语音经过语音编码器变成数字语音信号，在 GSM 中所用的语音编码器是混合编码器（称为线性预测编码-长期预测-规则脉冲激励编码器，简称 LPC-LTP-RPE），取样速率为 8kHz，帧长为 20ms，则每帧编码为 260bit（语音编码输出比特速率为 13kbps 即 260bit/20ms）。

6. 信道编码器

数字信号进行射频调制，进入信道之前需进行编码（这种编码的目的在于使信号接收端能够检测出或纠正信道中各种干扰引起的差错），所以信道编码又称为差错控制编码，这类信道编码对于纠正随机出现的差错十分有效，但对于深度衰落和多径干扰引起的差错不十分有效，故还得采用交织技术（因为持续较长的衰落会影响到几个相继比特发生差错，但信道编码只在检测和校正单个差错和不太长的差错串时才最有效）。

7. 交织

把信息码在发送端加以排列组合，使信息码相互交织后发送到信道上。在 GSM 中，信道编码器为每个 20ms 的语音（即一个语音帧）提供 456bit，进行交织处理后，组成 8 帧，每帧 57bit（为了防止信道编码因突发脉冲串衰落而失去较多的比特，必须在两个语音帧间再进行一次交织，即二次交织）。

8. 加密

加密的目的在于保护信令与用户数据，防止窃听。加密算法是一个"异或"算法，即同相得 0，异相得 1，在接收部分，用相同的方法解密，以期得到清晰的数据。

9. 突发脉冲串形成

由 TDMA 帧中的 8 个时隙中的一个来表示一个物理信道，一个时隙按一定的信令格式编码称为突发脉冲串，每个时隙长为 0.577ms，相当于 156.25bit，因此速率从 22.8kbps 提高到 33.8kbps。时隙脉冲的数字信息还需要转换成基带信号，再到发射部分的正交调制器。

10. 正交调制、解调

正交调制是一种特殊的复用技术，一般是指利用两个频率相同但相位相差 90°的正弦波作为载波，同时传送两路相互独立的信号的一种调制方式。解调是其逆过程。

任务三　手机逻辑/音频电路原理图

一、手机逻辑电路原理

逻辑单元主要由微处理器 U700、系统版本程序存储器 U701 和两个暂存器 U702、U703 等组成，其电路结构如图 8-8 所示。

摩托罗拉 V60 型手机的中央处理器（U700）是一个功能强大的微处理器，除了与 U701、U702、U703 进行逻辑对话外，还负责整机电路的检测、运行监控及一些接口功能。

U701 为摩托罗拉 V60 手机的 FLASH，它的内部装载了手机运行的主程序，型号一般为 28F320W18、28F640W18。

U702、U703 是摩托罗拉 V60 手机的两个暂存器，它在 CPU 的工作过程中用于存放数据操作时的中间结果、断电后数据丢失。其中，U702 为 4Mbit，均由 CPU 决定何时选通其中一个与之完成运算、通信等。

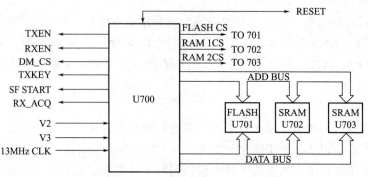

图 8-8　摩托罗拉 V60 手机逻辑控制部分电路框图

二、手机音频电路原理

摩托罗拉 V60 手机的音频电路包括 U900、受话器、送话器、振子、振铃等。其电路原理如图 8-9 所示。

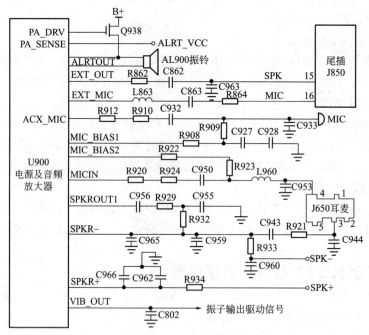

图 8-9　摩托罗拉 V60 手机音频电路原理图

1. 受话器

摩托罗拉 V60 手机有三种模式可供用户选择。

数字音频信号在 CPU 的控制下，通过 SPI 总线传输给 U900，经过 D/A 转换器转换成模拟语音信号并在 U900 内部放大，放大量则经由 SPI 总线控制。

当用户使用机内受话器时，由 SPK＋、SPK-接到受话器。

使用外接耳机时，接到耳机座 J650 的＃3。

使用尾插时，则由 EXT ＿ OUT 经由 R862 和 C862 送到尾插 J850 的＃15。

2. MIC 送话器

摩托罗拉 V60 手机同样支持用户使用机内送话器或耳机、尾插 3 种模式，由机内送话器或耳麦输入的音频信号在 U900 内放大后，在同一时刻有一路被选通，那一路选通由 SPI 总线决定。MIC ＿ BIAS1 和 MIC ＿ BIAS2 提供偏置电压，同样，偏压的开启、关闭也由 SPI 总线选择，而偏压的存在与否也决定了哪一路被选通，被选通的信号经 U900 内部放大、编码（A/D），通过四线串口送给 CPU 进一步进行数字信号处理后，再送到中频 IC 调制。

3. 振铃

振铃供电 ALRT ＿ VCC 是在 U900 电源 IC 的控制下由 Q938 产生。Q938 是一个 P 沟道场效应管，U900 通过控制 Q938 的栅极电压来控制其导通状态，而 Q938 输出的电压 ALRT ＿ VCC 通过 PA ＿ SENSE 反馈回 U900，完成反馈的控制过程，从而使铃声更悦耳动听。

4. 振子

在电源 IC 内部有一个振子电路，它的输入电压为 ALRT ＿ VCC，从 VIB ＿ OUT 输出 1.30V 的电压去驱动振子。

任务四　逻辑／音频电路的故障分析与维修

一、逻辑电路故障分析与维修

1. CPU 故障

CPU 出现故障，根据故障部分的不同，会表现出不同的故障现象，最常见的就是不开机，特别是摔过的手机，会引起 CPU 虚焊，使手机满足不了开机的条件而导致手机不开机。

2. 存储器故障

存储器故障分为硬件故障和软件故障两种类型。硬件故障就是存储器本身虚焊或损坏，软件故障就是存储器内部的程序或数据丢失、错误。无论是硬件故障还是软件故障，均会表现出各种各样的故障现象，如不开机、不入网、不发射、不识卡、不显示、"联系服务商"、"话机坏请送修"、"输入 8 位特别码"等。维修时，可采用"先软后硬"的方法进行，即先对软件故障进行维修，若不能排除故障，再更换存储器。

二、音频电路故障分析与维修

引起手机受话无声、轻音、杂音、送话器不送话、声音弱、有回声、振铃异常和振动器不振动等故障与手机的受话器、送话器、振铃、振动器本身的损坏有密切关系，与音频 IC 更是密不可分。手机的音频电路集成的特点有多种类型，例如，摩托罗拉的音频与电源芯片常常集成在一起，诺基亚手机的音频与调制解调器集成在一起，三星的音频与 CPU 集成在一起，同时还有外围的电阻、电容、电感、二极管、三极管、场效应管等组成的供电电路、阻抗变换电路等有关。

听筒、话筒、振铃、振荡器常因进水、受潮而损坏，因长时间使用而变形，特别是受话器、送话器、振铃也会因为长期与外界环境接触，容易进入过多的灰尘或杂物，产生音轻甚至无声等故障。

1. 受话器故障维修分析技巧

内接受话器音频故障所带来的故障现象为听筒无声。检修该类故障是比较简单的。如果受话器完全没有声音，通常应先确定受话器是否良好。可以用万用表的欧姆挡来检查受话器。若受话器良好，应注意检查信号通道上是否有开路现象，是否有对地短路现象，模拟基带芯片的焊接是否良好。在接收音频方面，因模拟基带信号处理器损坏而导致没有接收音频输出的情况是比较少的。

（1）受话无声

受话无声的主要原因如下。

① 受话器不正常。利用万用表判断受话器（听筒）是否正常，用万用表的 R×1 挡测其两端，正常时，电阻应接近于零，且表笔断续点触时，听筒或振铃应发出"喀喀"声。

② 受话电路不正常。检修时，用示波器测受话器触点的波形（拨打"112"），若没有 2～3V（峰-峰值）的波形，说明受话电路有问题，可重点检查音频处理、放大 IC 及外围小元器件是否正常。

（2）受话有噪声

手机在通话过程中听筒所传递的受话音频中含有噪声是手机维修中常见的一种毛病，各种机型产生的现象基本一样，但其产生的根源并非完全一样，一般来说，引起受话噪声的原因主要有以下几种。

① 听筒和受话电路不正常。检测时可采用更换听筒、补焊和更换音频电路的方法加以解决。

② 送话器不正常。之所以送话器不正常会产生受话噪声，是由于 MIC 的作用是将机械振荡的声波转化为微弱的电信号，其工作的元件是一个随声音的振动而可变动容量的电容器。因其产生的电信号实在太微弱，在 MIC 中则有一个高阻输入阻抗的场效应管将微弱的电声信号就地放大后再传输给手机主板。由于 GSM 手机使用时分多址的工作模式，即一个信号分 8 个时隙，在呼叫过程中手机仅能占用某个信道的某个时隙，所以手机发射是脉冲信号，其频率为 217Hz，而 217Hz 正好处于人耳的接听范围（30Hz～30kHz）。当 MIC 性能下降时，辐射的功率信号在 MIC 引线上感应的电压被 MIC 放大，并送到主板音频部分放大，误作为送话被传送出去，对方听到该手机打来的电话很不舒服，而该手机在发射时语音信号通话后，到 A/D 返回到受话电路，使自己也受到影响，听到"217Hz"所发出的噪声是由 MIC 自激引起的，即便 MIC 本身是好的，如果其引线过长或一长一短，同样会使发射信号窜入通话电路。如一台早起停产的爱立信手机，其受话声中有"啞啦啦"的声响，查遍整个电路也未修复，后将 MIC 从尾插取下，听筒噪声消失，然后换一 MIC，故障立即消失。

③ 供配电不正常。如果手机的供电有毛刺、不干净，就会产生受话噪声，这在维修中较为常见的。对于有升压电路的手机，当升压电感线圈不正常时，也会造成手机受话噪声。这是由于手机待机时整机耗电少，发射时整机耗电量大，流经电感线圈中的电流大，当升压电感线圈不正常时，电感线圈难以忍受大电流就"叫唤"起来。

2. 送话电路的故障维修分析技巧

送话电路故障主要是对放听不到机主的声音或噪声大。引起该故障的主要原因如下。

（1）送话器（麦克风）坏或者接触不良

利用万用表判断送话器好坏的方法，将数字万用表的红表笔接在送话器的正极，黑表笔放在送话器的负极。注意，如用指针式万用表，则相反。用嘴吹送话器，观察万用表的指示，可以看到万用表的电阻值读数发生变化或指针摆动。若无指示，说明送话器已损坏；若有指示，说明送话器是好的，指示范围越大，说明送话器灵敏度越高。

（2）送话输入电路故障

手机的送话故障大多数出现在送话输入电路，语音输入（MIC）与音频放大、音频处理电路常采用可分离式结构，不同的手机采用不同的连接方式。归纳起来主要有以下几种：第一种是直接插入型，例如摩托罗拉 V 系列；第二种是导电胶接触型，例如摩托罗拉 L 系列；第三种是通过连接座连接型，例如三星的部分手机；第四种为滑盖、翻盖型，例如三星、诺基亚部分机型。

实际维修中，直接插入型很少因接触问题引起送话故障，导电胶接触型和通过连接座连接型就较易因接触不良引起送话故障，滑盖、翻盖型因其机械结构的特殊性，在长时间使用后易出现接触不良或断线，以致引起无送话或送话时有时无。引起导电胶接触型出现送话故障的原因有：导电胶失效、维修时残留的松香污迹覆盖话筒触电、外壳装配不良引起的接触不良等。对这类故障的检修方法是换导电胶、清洗送话器触点、重装外壳。引起连接座连接型和滑盖、翻盖型手机出现送话故障的原因有：连接座的触片有松香污迹、连接座的触片移位、变形或失去弹性等。对这类故障的检修方法是清洗连接座的触片，用比较尖细的缝衣针将触片挑起或校正，如果连接座严重变形就要更换。

（3）语音处理电路故障

语音处理电路出现故障的维修相对比较困难。手机一般提供两路语音通道，一路使用机内话筒、听筒，另一路通过耳机插座或尾插连接外部话筒和听筒，手机的 CPU 根据耳机检测电路送来的信号选择相应的语音通道。如果检测或者切换不正常就会出现故障，如手机使用机内听筒、话筒时，不能正常送话，而使用外接耳机时送话和受话均正常就是典型的例子。当然，语音处理电路局部损坏也会引起这种故障。如果手机机内听筒、话筒和外接耳机使用都无送话，一般来说是语音电路的有关元器件损坏、虚焊或线路断线。维修送话不良故障时，维修人员通常是拨打"112"，待接通后对着话筒吹气，同时听听筒有无反应，这种方法在吵闹环境下效果不明显。另一种试机的方法是装上机壳、插卡，拨打电话，找一个人接听电话或干脆自己一边对着听筒说话，一边听被拨打电话，这种方法的好处是可以了解通话的声音质量。

比较简捷的检测方法是：拨打"112"，待接通后测话筒正极是否有直流电压。不同手机的电压不同，一般在 1V 以上，若没有，则检测与耳机相关的电路，有的话，找一根耳机线，用万用表测耳机插头各环间的电阻，阻值最小的两环就是连接听筒的，将它与手机的听筒输出端连接。拨打"112"，待接通后用镊子点话筒正极，正常手机可在听筒中听到噪声，听不到噪声则检测话筒到语音处理电路的有关元件及线路。对于音频处理电路局部损坏的手机，可以人为改变手机语音通道。

3. 振铃电路的故障分析与维修

振铃电路出现故障主要表现为无振铃或铃声小。检查时，可采用下面介绍的"三步法"。

（1）检查供电电压

使用万用表测量振铃电路有无供电电压，如果没有电压，说明供电电路不正常。

（2）检查振铃信号的输出波形

使用示波器测量振铃电路的输出端是否有音频波形，如果有音频波形输出，检查更换铃声扬声器；如果没有波形输出，说明振铃电路虚焊、不正常或者控制信号不正确。

（3）检查振铃控制信号

振铃电路是否输出铃声信号，一般由 CPU 输出的铃声控制信号进行控制，如果铃声控制信号不正常，一般为 CPU 虚焊，也可能是软件故障。

4. 手机振子电路的故障分析与维修

振子电路主要故障是振子不振动，常见原因有以下几种：

① 菜单未置于振动状态；

② 振动电机损坏；

③ 振子驱动电路损坏；

④ 软件有故障或振动控制电路有故障，无法输出振子启动信号。

5. 扬声器故障维修分析技巧

检修免提音频电路也是比较简单的。若免提音频使用的是模拟基带芯片内的音频放大器，通常需要检查扬声器是否损坏，检查扬声器与模拟基带芯片的音频输出端口之间的电阻、电感和电容是否正常。

如免提音频使用的是外部独立的音频放大器，先检查扬声器是否损坏，检查音频放大器的输出是否正常。

若音频放大器的输出正常，检查音频放大器与扬声器之间的电路是否正常。若音频放大器的输出不正常，检查音频放大器的输入是否正常。若音频放大器的输入不正常，检查音频放大器与模拟基带之间的电路是否正常，检查模拟基带处理器是否正常。若音频放大器的输入正常，检查音频放大器的电源、控制信号电路是否正常，检查音频放大器的其他外围元件是否正常，或检查更换音频放大器。

6. 耳机电路故障维修分析技巧

检查耳机无接收声的故障时，连接耳机到故障机，建立一个通话，检查手机听筒是否有声音。若手机的受话器还有声音，说明音频通道还没有切换到耳机音频通道，应注意检查耳机接入检测电路是否正常。或者连接耳机到故障机，建立一个通话，看耳机的送话功能是否正常。若耳机也无送话，应注意检查耳机接入检测电路是否正常。

如果耳机无送话，首先确认耳机是否能听到通话对方的声音。若不能听到对方的声音，检查耳机的接入检测电路、耳机接收音频通道是否正常；若能听到对方声音，其检修方法与内接送话器电路的检修方法一样。

任务五 手机逻辑/音频电路故障维修实训

1. 实训目的

① 掌握手机逻辑/音频电路工作原理的分析方法；

② 掌握手机逻辑/音频电路原理图的识图技巧；

③ 能查阅相关资料辨别各 IC 的功能；

④ 掌握手机受话器、振铃、振子及送话器的检测方法和维修方法；

⑤ 提高对手机音频电路的认识；

⑥ 提高对手机音频电路元器件的认识；

⑦ 熟悉示波器和万用表的使用。

2. 实训器材以工作环境

① 常用手机电路原理方框图、电路原理图和手机机板实物彩图等资料；

② 音频故障机若干、备用旧手机板、常见手机元器件及盛放容器若干；

③ 手机维修专用直流稳压电源一台、电源转换接口一套；

④ 万用表一块、示波器一台、频率计一台；

⑤ 电脑及相应的适配器、各类软件维修仪及相应的数据线等；

⑥ 常用维修工具一套。

3. 实训内容

① 准备手机逻辑/音频电路原理图；

② 根据识图方法和电路识别方法，分析手机逻辑/音频电路原理；

③ 运用常见手机电路图的英文缩写知识，读懂手机逻辑/音频电路原理，画出相关电路图；

④ 请指导教师根据实验室的条件选择合适的机型，指导学生对手机无振铃、无振动、无送话故障进行检测、分析和处理练习。

4. 实训注意事项

① 手机外加直流电源电压的标准值是 3.6V，不得超过或低于这个标准值；否则无法正确观察手机的整机工作电流；

② 注意不同的机型要用不同的电源转换接口，注意手机电源的正负极的极性特点，特别注意每种手机电源的正负极，同时要分清多引脚电源触点的温度检测线和电池电量检测线，以免电源极性加反，扩大手机故障；

③ 更换音频 IC（或爱立信机型也称为多模转换器）时，热风枪的温度不得超过 300℃；

④ 拆装机时要小心，以免损坏手机的元器件及外壳，尤其是显示屏及其软连接排线，避免软连接排线褶皱而损坏，同时装机时不能遗忘小元器件；

⑤ 准备一些常见的受话器、振铃（子）、送话器，以便进行元器件代换检测；

⑥ 维修时，元器件要轻取轻放。

5. 实训报告

根据实训内容，完成手机音频电路的故障维修实训报告。

项目九　手机输入/输出接口电路故障分析与维修

■ 知识目标

① 熟悉显示电路、FPC 连接器和手机传感器的相关指示；
② 掌握显示电路故障分析与维修；
③ 熟悉键盘电路；
④ 掌握键盘电路故障分析与维修；
⑤ 熟悉手机卡相关知识；
⑥ 掌握手机卡电路故障分析与维修。

■ 能力目标

① 具备显示电路故障维修能力；
② 具备键盘电路故障维修能力；
③ 具备手机卡电路故障维修能力。

任务一　显示电路故障分析与维修

一、显示屏

手机显示屏是一种将一定的电子文件通过特定的传输设备仪器显示到屏幕上再反射到人眼的一种显示工具。

1. TFT 液晶显示屏

TFT（Thin Film Transistor）即薄膜场效应晶体管，是指液晶显示器上的每一液晶像素点都是由集成在其后的薄膜晶体管来驱动，从而可以做到高速度、高亮度、高对比度显示屏幕信息，TFT 属于有源矩阵液晶显示器。

TFT-LCD 液晶显示屏是薄膜晶体管型液晶显示屏，也就是"真彩"（TFT），它不仅提高了显示屏的反应速度，同时可以精确控制显示色阶。TFT 液晶显示屏的特点是亮度好、对比度高、层次感强、颜色鲜艳，但也存在着比较耗电和成本较高的不足。

2. UFB 液晶显示屏

UFB LCD，具有超薄、高亮度的特点。UFB-LCD 是专为移动电话和 PDA 设计的显示屏，具有超薄、高亮度的特点，该显示屏可减小像素间距，以获得更佳的图像质量。

UFB 液晶显示屏的对比度是 STN 液晶显示屏的两倍，在 65536 色时亮度与 TFT 显示屏不相上下，而耗电量比 TFT 显示屏少，并且售价与 STN 显示屏差不多，可说是结合这两种现有产品的优点于一身。

3. STN 屏幕

STN 是 Super Twisted Nematic 的缩写，过去使用的灰阶手机的屏幕都是 STN 的，它的好处是功耗小，具有省电的最大优势，总的来说 STN 屏幕对色彩的表现还是远差于上述的屏幕。

撇开灰阶 STN 不提，现在 STN 主要有 CSTN 和 DSTN 之分。CSTN 即 Color STN 传送式 LCD 在正常光线及暗光线下，显示效果都很好，但在户外，尤其在日光下，很难辨清显示内容而背光需要电源产生照明光线，要消耗电功率。

4. AMOLED

有源矩阵有机发光二极体面板（AMOLED）被称为下一代显示技术，包括三星电子、LG、飞利浦都十分重视这项新的显示技术。

目前除了三星电子与 LG、飞利浦以发展大尺寸 AMOLED 产品为主要方向外，三星 SDI、友达等都是以中小尺寸为发展方向。中国大陆有佛山彩虹正建设生产线，预计 2 年内正式投产。

上述厂家中已量产的仅有三星 SDI，尺寸为 3～4 寸。在中小尺寸市场，AMOLED 很有机会在 2 年内与 TFT LCD 并存，如果未来 AMOLED 的良率能够达到跟 TFTLCD 一样的水平，那取代 TFT LCD 绝对是指日可待。

因为 AMOLED 不管在画质、效能及成本上，先天表现都较 TFT LCD 优势很多。这也是许多国际大厂尽管良率难以突破，依然不放弃开发 AMOLED 的原因。目前还持续投入开发 AMOLED 的厂商，除了已经宣布产品上市时间的 Sony，投资东芝松下 Display（TMD）的东芝，以及另外又单独进行产品开发的松下，还有宣称不看好的夏普。2008 年 8 月发布的 NOKIA N85，以及 2009 年第一季度上市的 NOKIA N86 都采用了 AMOLED。

在显示效能方面，AMOLED 反应速度较快、对比度更高、视角也较广，这些是 AMOLED 天生就胜过 TFT LCD 的地方；另外 AMOLED 具自发光的特色，不需使用背光板，因此比 TFT 更能够做得轻薄，而且更省电；还有一个更重要的特点，不需使用背光板的 AMOLED 可以省下占 TFT LCD 3～4 成比重的背光模块成本。

AMOLED 的确是很有魅力的产品，许多国际大厂都很喜欢，甚至是手机市场最热门的产品 iPhone，都对 AMOLED 有兴趣，相信在良率提升之后，iPhone 也会考虑采用 AMOLED，尤其 AMOLED 在省电方面的特色，很适合手机，目前 AMOLED 面板耗电量大约仅有 TFT LCD 的 6 成，未来技术还有再下降的空间。

当然 AMOLED 最大的问题还是在良率，以目前的良率，AMOLED 面板的价格足足高出 TFT LCD 50％，这对客户大量采用的意愿，绝对是一个门槛，而对奇晶而言，现阶段也还在调良率的练兵期，不敢轻易大量接单。

在了解了 AMOLED 与 TFT LCD 的主要性能差别后，通过技术层面来分析造成差别的主要原因在哪里。由于 AMOLED 是 OLED 技术的一种，以 OLED 的工作原理来进行分析。

比较几种显示器如下。

STN 是早期彩屏的主要器件，最初只能显示 256 色，虽然经过技术改造可以显示 4096 色甚至 65536 色，不过现在一般的 STN 仍然是 256 色的，优点是：价格低，能耗小。

TFT 的亮度好，对比度高，层次感强，颜色鲜艳。缺点是比较耗电，成本较高。

UFB 是专门为移动电话和 PDA 设计的显示屏，它的特点是：超薄，高亮度。可以显示 65536 色，分辨率可以达到 128×160 的分辨率。UFB 显示屏采用的是特别的光栅设计，可以减小像素间距，获得更佳的图片质量。UFB 结合了 STN 和 TFT 的优点：耗电比 TFT 少，价格和 STN 差不多。

如果按照显示效果的好坏由高到低排列依次为 ASV、TFT、OLED、TFD、UFB、STN、CSTN。

二、FPC 连接器

1. FPC 的定义

FPC（Flexible Printed Circuit board）是挠性印刷电路板，又称软性线路板或柔性线路板。通俗地讲就是柔性材料做成的 PCB 板（Printed Circuit Board，中文名称为印刷电路板）。FPC 在手机中的应用非常广泛，一是做简单的电路连接，比如常说的手机屏幕"排线"，二是做复杂的电路连接，就是掌上电脑用到的电路连接等。

FPC 主要用于翻盖手机、滑盖手机。旋转手机的 LCD 显示屏和手机主板的连接。随着手机功能的增多，FPC 的使用将更加广泛，如图 9-1 所示。

图 9-1　手机中的 FPC

2. FPC 连接器的作用

FPC 连接器用于 LCD 显示屏的驱动电路（PCB）的连接，随着 LCD 驱动器被整合到 LCD 器件中的趋势，FPC 的引脚数会相应减少，从更长远的方向看，将来 FPC 连接器将有望实现与手机部件一同整合在手机或其他 LCD 模组的框架上，如图 9-2 所示。

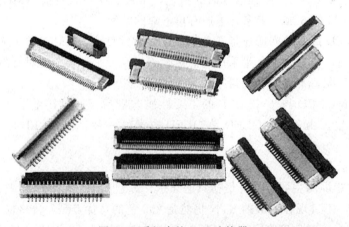

图 9-2　手机中的 FPC 连接器

3. FPC 及 FPC 连接器的故障分析

FPC 及 FPC 连接器在手机中主要是用来连接 LCD、听筒、LCD 背光灯等电路，有些手机的 FPC 还连接滑盖上的菜单按键。

当 FPC 及 FPC 连接器出现故障时，主要表现为：显示不正常，背光不正常、部分按键失效、听筒无声、无背光等故障。

三、磁控传感器

在手机中磁控传感器主要包括干簧管和霍尔传感器，干簧管和霍尔元件都是通过磁信号来控制线路通断的传感器，主要用在翻盖、滑盖手机的控制电路中。由于干簧管易碎等原因，现在手机中很少见到干簧管传感器了，使用最多的是霍尔传感器。

霍尔传感器是一个使用非常广泛的电子器件，在手机中主要应用在翻盖或滑盖的控制电路中，通过翻盖或滑盖的动作来控制挂掉电话或接听电话、锁定键盘及解除键盘锁等。

1. 霍尔传感器的外形特征

霍尔传感器的作用是在磁场的作用下直接产生通与断的动作。霍尔传感器的外形封装很像晶体管。在手机中，霍尔传感器的封装有 3 个引脚的，也有 4 个引脚的。如图 9-3 所示。

图 9-3　手机中的霍尔传感器的外形

2. 霍尔效应

所谓霍尔效应，是指在磁场作用于载流金属导体、半导体中的载流子时，产生横向电位差的物理现象。

由于通电导线周围存在磁场，其大小与导线中的电流成正比，故可以利用霍尔元件测量出磁场，就可以去顶导线电流的大小。利用这一原理可以设计制成霍尔电流传感器。其优点是不与被测电路发生电接触，不影响被测电路，不消耗被测电源的功率，特别适合于大电流测量。

如果把霍尔传感器集成的开关按预定位置有规律地布置在物体上，当装在运动物体上的永久磁铁经过它时，可以从测量电路上测量脉冲信号。根据脉冲信号列可以传感出该运动物体的位移。若测出单位时间内发出的脉冲数，则可以确定运动速度。

3. 霍尔传感器分类

（1）线性霍尔传感器

线性霍尔传感器由霍尔元件、线性放大器和射极跟随器组成，它输出模拟量。

（2）开关性霍尔传感器

开关型霍尔传感器由稳压器、霍尔元件、差分放大器。施密特触发器和输出级组成，它输出数字量。

4. 手机霍尔传感器电路

如图 9-4 所示，是 NOKIA N73 滑盖手机的霍尔传感器电路，当磁场作用于霍尔元件时产生一微小的电压，经放大器放大及施密特电路后使晶体管导通输出低电平，当无磁场作用时，晶体管截止，输出为高电平。

在滑盖手机中，霍尔传感器在上盖对应的方向有一个磁铁，用磁铁来控制霍尔传感器传感信号的输出，当合上滑盖的时候，霍尔传感器输出低电平作为中断信号到 CPU，强制手机退出正在运行的程序（例如正在通话的电话），并且锁定键盘、关闭 LCD 背景灯，当打开滑盖的时候，霍尔传感器输出 1.8V 高电平，手机解锁、背景灯发光、接通正在打入的电话。

在翻盖或滑盖手机中霍尔传感器也比较容易找，它的位置一般在磁铁对应的主板的正面或反面，只要找到磁铁就一定能找到霍尔传感器。直板手机中一般没有这个电路。

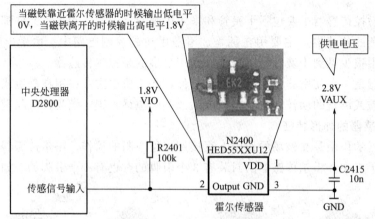

图 9-4　NOKIA N73 滑盖手机的霍尔传感器电路

5. 手机霍尔传感器故障分析

霍尔传感器在手机中损坏引起的故障现象非常多，如果不注意检查霍尔传感器，会使维修走入弯路。

霍尔传感器表现的故障有：出现部分或全部按键失灵、开机困难、显示屏无显示。霍尔传感器出现故障主要原因有：工作电压不正常、控制信号不正常、元件本身损坏。

四、显示电路故障分析

1. 显示器要能正常显示的条件

（1）显示屏所有的像素都能发光

要满足这个条件，就要为显示屏提供工作电源，对于有些类型的手机需要负压供电。供电电压可用万用表进行测量。

（2）显示屏上的所有像素都能受控

只有显示屏上的所有像素都能受控，显示屏才能正确显示所需内容。对于串行接口的显示电路，控制信号主要包括 LCD-DAT（显示数据）、LCD-CLK（显示时钟）、LCD-RST（复位）三个信号；对于并行接口的显示电路，控制信号主要包括数据线（D0～D7）、地址线（A0～A7）、复位（RST）、读写控制（W/R）、启动控制（LCD-EN）等。

无论是串行接口的显示电路，还是并行接口的显示电路，这些控制信号出现故障时，一般出现不显示、显示不全等故障，维修时可通过测量个控制信号的波形进行分析和判断。这些信号在手机开机后，显示内容变化时一般都能测量到。若无波形出现，说明控制电路或软件有故障。

（3）显示屏要有合适的对比度

手机的对比度是通过功能菜单或指令调整的。手机的显示屏有一个对比度的控制脚，由外电路输入的控制电压进行控制。当对比度电压不正常时，显示屏会出现黑屏、白屏、不显示等故障，可通过测量控制电压进行分析和维修，有时需要重写正常的软件数据。

2. 故障维修分析技巧

手机的显示故障通常包含无显示、显示黑、显示淡、显示缺画、显示错乱、显示白屏等。在检修手机显示故障时，首先应检查 LCD（或 LCM）的连接器、连线、排线等是否良好，检查判断是 LCD（或 LCM）问题还是基带部分的显示接口电路问题。有条件，可用好的 LCD（或 LCM）进行代换，以快速判断故障是显示接口还是 LCD（或 LCM）。只要手机能开机，就说明基带处理器电路是基本正常的，即使检测到显示某个显示数据不正常，都应该只是 LCD 电路与基带处理器之间的电路问题（断线）。

3. 引起无显示或显示不正常的原因

① 显示接口脏或虚接，排线断线或接触不良；

② CPU 虚焊或损坏；

③ 显示屏损坏或不良；

④ 软件故障。

在以上几种故障原因中，以第一种最为常见，可采取清洗法、飞线法、代换法进行维修。

4. 背光灯电路的故障分析

背光灯电路故障主要表现为背光灯不亮，维修时，可采取以下方法进行判断：

① 测量背光灯两端有无供电电压，若有电压但灯不亮，说明灯损坏；

② 若背光灯两端无供电电压，测量背光灯启动信号在背光灯启动时电平是否发生变化，若无变化，说明 CPU 发出的启动控制信号不正常，应检查 CPU 电路；

③ 若背光灯启动控制信号正常，应检查背光灯驱动 IC，该驱动 IC 一般采用电感式 DC/DC 变换器，在供电正常、外围电感正常的情况下，多为驱动 IC 不正常。

任务二　手机按键开关故障分析与维修

手机中的按键开关可以分为两类，一类是单独的单个按键的微动开关，例如手机的侧面按键；一类是将多个按键做在一起的薄膜开关，例如手机的键盘开关。

一、微动开关

微动开关是一种常开触点的电子开关，使用时轻轻点按开关按钮就可以使开关接通，当松开手时开关即断开，其内部结构是靠金属弹片受力弹动来实现通断的。微动开关由于体积小、重量轻，在电子产品中得到广泛的应用，如电脑鼠标、手机侧键等。但微动开关也有它的不足的地方，频繁的按动会使金属弹片失去弹性而失效。

手机中微动开关的外形如图 9-5 所示。

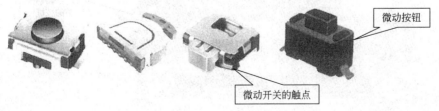

图 9-5　手机中的微动开关

二、薄膜开关

薄膜开关在手机中应用较多，例如手机的数字按键、菜单按键、翻盖手机的挂断按键等。薄膜开关分为柔性薄膜开关和硬性薄膜开关。

1. 柔性薄膜开关

这类薄膜开关之所以称为柔性，是因为该薄膜开关的面膜层、隔离层、电路层全部由各种不同性质的柔性薄膜所组成。

柔性薄膜开关的电路层，均采用性能良好的聚酯薄膜（PET）作为开关电路图形的载体，由于聚酯薄膜所具有性质的影响，使得该薄膜开关具有良好的绝缘性、耐热性、抗折性和较高的回弹性。

柔性薄膜开关电路的图形，包括开关的联机及其引出线均采用低电阻，低温条件下固化的导电涂料印刷而成。因此，整个薄膜开关的组成，具有一定的柔软性，不仅适合于平面体上使用，还能与曲面体配合。

手机的键盘就是柔性薄膜开关，其组成如图 9-6 所示，有柔性底层基板、导电膜、柔性键盘三个部分组成。

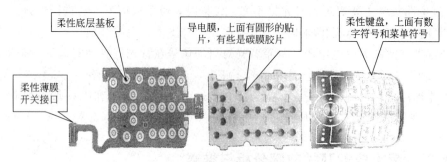

图 9-6　手机中的柔性薄膜开关

柔性底层基板上有多个圆圈和圆圈内部的圆点构成的开关，外圈和内圈的铜箔分别引出 2 条引线，导电膜覆盖在柔性底层基板上，每一个弹性金属触片覆盖在一个圆形的铜箔上，当手指将柔性键盘按下去的时候，金属触片将内外圈铜箔短路，输出一个信号，当手指抬起的时候，开关断开。

2. 硬性薄膜开关

硬性薄膜开关是指开关的图形和线路是制作在普遍的印刷线路覆铜板上。硬性薄膜开关的特点是取材方便，工艺稳定，阻值低，并可在其背面直接焊接电路中的某些组件。硬性薄

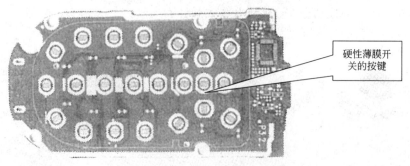

图 9-7　硬性薄膜开关

膜开关一般都采用金属导片作为导通触点。

硬性薄膜开关和柔性薄膜开关的区别是硬性薄膜开关的底层基板一般采用印刷线路覆铜板，如图 9-7 所示。

三、手机开关的电路符号

在手机电路中，开关通常用字母 SW 表示，电源开关又经常使用 ON/OFF、PWRON、KEYON 等字母来表示。

手机开关的电路符号如图 9-8 所示。

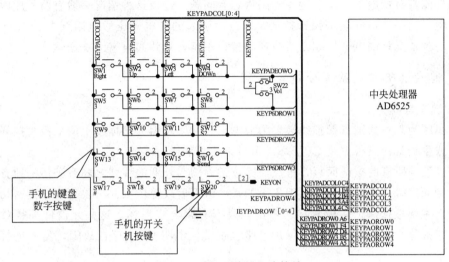

图 9-8　手机开关的电路符号

四、手机按键开关故障分析

在手机中，由于按键开关多次反复按动，加上使用环境恶劣，按键开关出现问题的概率非常高，主要表现在以下几个方面。

1. 按键开关失灵

按键开关失灵是手机中较常见的故障，主要表现为：当按下按键开关后，不能执行相应的程序，例如，按下数字按键"6"以后，手机屏幕上无法显示数字"6"。

按键开关失灵故障主要是由于开关长期使用后内部出现灰尘或严重氧化现象，处理方式是对失灵的按键开关使用酒精进行清洗就可以了。

2. 按键开关短路

这种故障在进水、摔坏的手机中出现比较多，出现按键开关短路的手机故障表现为：开机后手机屏幕上会不断的跳出数字，处理方式是对短路按键开关进行更换或者调整即可。

任务三　键盘电路故障分析与维修

一、键盘电路的常用检查方法

维修中，对于键盘电路常采用以下检查方法。

1. 电阻法

电阻法就是在关机状态下测各扫描线的对地电阻，正常情况下应该都一样，如果发现某一按键对地电阻小或为零，说明该按键或与之有关的元器件漏电或击穿，也可能是 CPU 击穿损坏。如果怀疑 CPU 击穿，可以拆下 CPU，此时再测量键盘扫描线是否短路，若短路消失，则为 CPU 损坏；如果拆下 CPU 后手机仍短路，说明按键短路。

2. 电压法

电压法就是在开机状态下测量各扫描线的电压，正常情况下各电压值应相等，如果发现某一按键有低电平或偏低，说明该按键或与之有关的电路有问题。如果检测到任何一个按键的内圈和外圈都有低电平，说明键盘电路肯定有问题。造成这种情况一般有两种原因：一种情况是高电平的一端被低电平强行拉低，如脏污引起的漏电、压敏电阻漏电、CPU 击穿短路等；另一种情况是高电平一端断线或插座接口不良，导致高电平无法送达。

二、键盘电路常见故障分析与维修

1. 按键音常鸣

一般是因为某一条键盘扫描线被置为低电平，90％是因为扫描线上的二极管损坏及压敏电阻损坏或主板脏污，很少是 CPU 坏。可按以下方法进行维修。

先彻底清洗所有的按键面板，重点清除按键内圈与外圈的线路之间有脏污的地方。尤其重点检查侧面按键是否有脏污漏电现象。如果经清理后故障依旧，再检查与按键密切相关的保护电路，主要检查保护二极管和压敏电阻是否有漏电或损坏，这些元器件都是对地保护的，可直接拆除。如果经检查以上保护电路也正常，说明 CPU 存在故障，需要进行更换或重置。

2. 按任意键都显示同一个字符，或总是显示同一扫描线上的几个字符

这种故障一般是这个扫描线对地漏电引起的。检测时，先彻底清洗所有的按键面板，重点清除按键内圈与外圈的线路之间有脏污漏电的地方。如果清理后故障现象依旧，再清洗 CPU 引脚。经过以上清理后还不能解决问题，一般是软件故障，导致键盘扫描错乱，对于这种情况，需要重新写入新的软件数据。

3. 部分按键失效

部分按键失效是指个别几个或者一个按键失效。维修时，首先用万用表测量失效的按键的内圈与外圈和旁边按键的相应内圈和外圈的通断情况，哪个不通，故障就在哪个位置，飞线连上即可，这种情况主要出现在进水和摔得较严重的手机中。如果测量正常，再检查按键膜、导电胶是否存在失效的问题。若按键膜、导电胶正常，一般为软件故障，需要重写资料恢复按键表。

4. 同一扫描线所有按键失灵，也就是说整列或整行数字失效

检查扫描线是否断线，若断线，飞线接上即可，若正常，再检查 I/O 拓展插口或支柱式连接座之间是否发生断线或接触不良，如果以上检查正常，多数为 CPU 虚焊或主板到 I/O 扩展插口的线路断裂。

5. 全部按键失灵

维修时，可按以下步骤检查：

① 对按键面板的彻底清洗，以排除是否有按键断路的情况；

② 检查音量键和功能键是否有短路；

③ 对于翻盖手机，要特别检查翻盖电路是否正常，若翻盖电路短路，会导致全部按键失效、显示不正常、手机死机等多种现象。

④ 凡主板与按键板分离的，要检查 I/O 扩展插口、支柱式连接座、软排座及排线的通断和接触情况。

⑤ 对于有按键保护二极管、压敏电阻及电容的手机，检查这些元器件是否有损坏和漏电；

⑥ 检查 CPU 或键盘接口电路是否正常；

⑦ 重写软件数据。

6. 键盘灯不亮

① 测量键盘灯两端有无供电电压，若有电压但灯不亮，说明灯损坏；

② 若背光灯两端无供电电压，测量键盘灯启动信号在键盘灯启动时电平是否发生变化，若无变化，说明 CPU 发出的启动控制信号不正常，应检查 CPU 电路。

③ 若键盘灯启动控制信号正常，应检查键盘灯驱动 IC。

任务四　手机卡电路故障分析与维修

SIM 卡（Subscriber Identity Module，客户识别模块）也称为智能卡、用户身份识别卡，GSM 数字移动电话机必须装上此卡方能使用。它在电脑芯片上存储了数字移动电话客户的信息，加密的密钥以及用户的电话簿等内容，可供 GSM 网络客户身份进行鉴别，并对客户通话时的语音信息进行加密。

一、SIM 卡的分类

手机中使用的 SIM 卡根据外形尺寸分为三类：大卡、小卡（Mini-SIM）和微卡（Micro-SIM）。

1. 大卡

最早的 GSM 手机都是使用大卡，大卡的尺寸为 54mm×85mm，相当于银行卡标准尺寸。如图 9-9 所示。

大卡的芯片镶嵌在一个类似银行卡大小的卡片上，1999 年摩托罗拉生产的 328C 手机使用的就是大卡。

图 9-9　手机中的大卡及使用大卡的手机

123

2. 小卡（Mini-SIM）

随着手机的微型化，原来的"大卡"已经无法适应发展的要求，于是就产生了现在使用的 Mini-SIM 卡，俗称"标准卡"。为了让这种 SIM 卡兼容原先的大卡设计，在金属触角的定义上完全和大卡一致，甚至也保持了大卡的外观，如果你用的是大卡手机，只要不把 Mini-SIM 卡从塑封上拆下来，就可以适用于早期的手机了，这种兼容政策一直保留至今。

小卡的尺寸为 25mm×15mm，比普通邮票还小，大概手指甲大小。目前手机中使用最多的就是这种小卡。如图 9-10 所示。

大卡、小卡对比

图 9-10　手机中的小卡

3. 微卡（Micro-SIM）

为了进一步缩小手机的体积，iPhone 4 手机采用了和 iPad 相同的 Micro-SIM 卡槽设计，随着 iPhone 4 手机在中国的销售，中国联通公司 2010 年 9 月 1 日推出了适应 iPhone 4 手机使用的微卡。微卡的尺寸是 12mm×15mm。如图 9-11 所示。

图 9-11　微卡与小卡对比

微卡的触点与大小和小卡的触点是对应的，小卡也可以通过剪切后放在使用微卡的手机上使用。微卡可以使用卡托放在使用小卡的手机上使用。

二、SIM 卡的工作原理及结构

1. SIM 卡的工作原理

SIM 卡是带有微处理器的芯片，内有 5 个模块，每个模块对应一个功能，分别是 CPU、程序存储器 ROM、工作存储器 RAM、数据存储器 EEPROM 和串行通信单元，这 5 个模块集成在一块集成电路中。

这 5 个模块被胶封在 SIM 卡铜制接口后，与普通 IC 卡的封装方式相同。这 5 个模块必须集成在一块集成电路中，否则其安全性会受到威胁，因为芯片间的连线可能成为非法存取和盗用 SIM 卡的重要线索。

SIM 卡在与手机连接时，最少需要 5 个连接线：电源（VCC）、时钟（CLK）、数据 I/O 口（DATA）、复位（RST）、接地端（GND），还有一个编程（VPP），很少使用。

SIM 卡引脚的功能如图 9-12 所示。

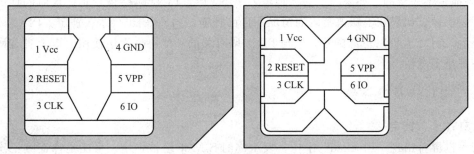

图 9-12　SIM 卡各引脚的功能

2. SIM 卡的内部结构

拆开 SIM 卡，里边有三种材料，即表面金属线路板、黑色保护硬胶和集成电路。这三种材料各司其职，表面金属线路板负责集成电路与手机的传输工作，黑色保护硬胶纯为保护集成电路，而集成电路才是整块 SIM 卡的关键。一张 SIM，如非刻意破坏折曲，正常使用十年以上，完全没有问题

SIM 卡的供电分为 5V（1998 年前发行）、5V 与 3V 兼容、3V、1.8V 等，当然这些卡必须与相应的手机配合使用，即手机产生的 SIM 卡供电电压与该 SIM 卡所需的电压相匹配。SIM 卡插入手机后，电源端口提供电源给 SIM 卡内各模块。

检测 SIM 卡存在与否的信号只在开机瞬时产生，当开机检测不到 SIM 卡存在时，将提示"插入 SIM 卡"；如果检测 SIM 卡已存在，但机卡之间的通信不能实现，会显示"检查 SIM 卡"；当 SIM 卡对开机检测信号没有响应时，手机也会提示"插入 SIM 卡"；当 SIM 卡在开机使用过程中掉出、由于松动接触不良或使用报废卡时，手机会提示"SIM 卡错误"。

SIM 卡的存储容量有 8kB、16kB、32kB、64kB，甚至 1MB 等。目前多为 16kB 和 32kB。SIM 卡能够储存多少电话号码和短信取决于卡内数据存储器 EEPROM 的容量。假设一张 EEPROM 容量为 8kB 的 SIM 卡，可存储以下容量的数据：100 组电话号码及其对应姓名、15 组短信息、25 组最近拨出的号码、4 位 SIM 卡密码（PIN）。

3. SIM 卡的密码

PIN 码是指 SIM 卡的密码，存在于 SIM 卡中，其出厂值为 1234 或 0000。激活 PIN 码后，每次开机要输入 PIN 码才能登录网络。

PUK 码是用来解 PIN 码的万能钥匙，共 8 位。用户是不知道 PUK 码的，只有到营业厅由工作人员操作。当 PIN 码输错 3 次后，SIM 卡会自动上锁，此时只有通过输入 PUK 才能解锁。PUK 码共有 10 次输入机会。所以此时，用户千万不要自行去碰 PUK 密码，输错

10 次后，SIM 卡会自动启动自毁程序，使 SIM 卡失效。此时，只有重新到营业厅换卡。其实，只要小心使用，PIN 密码只会保护你的安全。

SIM 卡有两个 PIN 码：PIN1 码和 PIN2 码。通常讲的 PIN 码就是指 PIN1 码，它用来保护 SIM 卡的安全，是属于 SIM 卡的密码。PIN2 码也是 SIM 卡的密码，但它跟网络的计费（如储值卡的扣费等）和 SIM 卡内部资料的修改有关。所以 PIN2 码是保密的，普通用户无法用上 PIN2 码。不过，即使 PIN2 码锁住，也不会影响正常通话。也就是说，PIN1 码才是属于手机用户的密码。

在设置固定号码拨号和通话费率（需要网络支持）时需要 PIN2 码。每张 SIM 卡的初始 PIN2 码都是不一样的。如果三次错误地输入 PIN2 码，PIN2 码会被锁定。这时同样需要到营业厅去解锁。如果在不知道密码的情况下自己解锁，PIN2 码也会永久锁定。PIN2 码被永久锁定后，SIM 卡可以正常拨号，但与 PIN2 码有关的功能再也无法使用。以上各种码的默认状态都是不激活。

三、SIM 卡故障分析

1. SIM 卡被锁定

若手机屏幕出现 "Blocked" 字样，表示你的 SIM 卡已被锁定。可能是你连续三次输入错误的 PIN 密码，导致卡被锁定。出现这种情形时，请到当地网络运营商营业厅，由服务人员为你解锁。

2. SIM 卡损坏/故障

当手机屏幕显示 "Bad Card" 或 "SIM Error" 时表示你的 SIM 卡已损坏无法使用。

任务五　手机输入/输出接口电路故障维修实训

1. 实训目的

① 掌握手机输入/输出电路工作原理的分析方法；

② 掌握手机输入/输出电路原理图的识图技巧；

③ 掌握手机显示电路、按键开关、键盘电路及手机卡电路的检测方法和维修方法；

④ 提高对手机输入/输出电路的认识；

⑤ 提高对手机输入/输出电路元器件的认识；

⑥ 熟悉示波器和万用表的使用。

2. 实训器材以工作环境

① 常用手机电路原理方框图、电路原理图和手机机板实物彩图等资料；

② 手机输入/输出电路故障机若干，备用旧手机板、常见手机元器件及盛放容器若干；

③ 手机维修专用直流稳压电源一台、电源转换接口一套；

④ 万用表一块、示波器一台、频率计一台；

⑤ 电脑及相应的适配器等；

⑥ 常用维修工具一套。

3. 实训内容

① 准备手机输入/输出接口电路原理图；

② 根据识图方法和电路识别方法，分析手机输入/输出电路原理；

③ 运用常见手机电路图的英文缩写知识，读懂手机输入/输出电路原理，画出相关电路图；

④ 请指导教师根据实验室的条件选择合适的机型，指导学生对手机显示故障、按键故障、键盘故障、SIM 卡故障进行检测、分析和处理练习。

4. 实训报告

根据实训内容，完成手机输入/输出接口电路的故障维修实训报告。

项目十　手机电源电路故障分析与检修

■ 知识目标

① 熟悉手机电源电路结构框图；
② 掌握手机供电电路故障分析与维修；
③ 掌握手机充电电路故障分析与维修。

■ 能力目标

① 提高对手机电源电路及其相应元器件的认识；
② 掌握手机电源电路故障的维修方法；
③ 熟悉示波器、频率计和直流稳压电源的使用。

任务一　手机电源电路

手机电源电路是向手机提供能量的电路，供电电路必须按照各部分电路的要求，给各部分电路提供正常的、工作所需要的不同的电压和电流，而被供电的电路则称为电源的负载。电源电路也是故障率较高的电路，在修理手机时，常常是先查电源，后查负载。

一、手机电源的基本电路

1. 电池供电电路

手机电池的类型很多，其连接电路也是多种多样，但它们有一个共同的特点：电池电源通常用 VBATT、BATT、BATT＋表示，也有用 VB、B＋来表示的；外接电源用 EXT＿B＋表示。经过外接电源和电池提供转换后的电压一般用 B＋表示。手机电池电路中还有一个比较重要的部分——电池识别电路。电池通过 4 条线与手机相连，即电池正极、电池类别、电池温度、电池地。此识别电路通常是手机厂家为防止手机用户使用非原厂配件而设置的，它也用于手机对电池类型的检测，以确定合适的充电模式。也有通过 3 条线与手机相连，即电池正极、电池类别、电池地。其中，电池信息和电池温度与手机的开机也有一定的关系，若接触不良，手机也可能不能开机。

2. 开机信号电路

手机的开机方式有两种，一种是高电平开机，也就是当开关键被按下时，开机触发端接到电池电源，是一个高电平启动电源电路开机；另一种是低电平开机，也就是当开关键被按下时，开机触发线路接地，是一个低电平启动电源电路开机。

3. 直流稳压电源

手机采用电池供电，电池电压是手机供电的总输入端，通常称为 B＋或者 BATT＋。

B+是一个不稳定电压，需要将它转化为稳定的电压输出，而且输出多路不同的电压，为整机各个电路供电，包括射频部分和逻辑部分，各自独立，这个供电电路称为直流稳压电源，简称为电源。手机个部分电路对电压的需求是不同的，例如，SIM卡一般需要1.8～5.0V电压。而对于射频部分电源要求是噪声小、电压值并不一定很高，所以，给射频电路供电时，电压一般需要进行多次滤波，分路供应，以降低彼此间的噪声干扰。

4. 升压电路

手机中经常用到升压电路和负压发生器，目前，手机机型更新换代很快，一个明显的趋势是降低供电电压，例如，B+采用3.6V、2.4V。但手机中有时需要4.8V的电压为SIM卡供电，需要为显示屏、CPU等提供较高电压，这就需要用升压电路来产生超出B+的电压，负压也是由升压电路产生的，只是极性为负而已。升压电路属于DC-DC变换器（即直流-直流变换），常见的升压方式有两种：电感升压和振荡升压。

（1）电感升压

电感升压是利用电感可以产生感应电动势这一特点实现的。电感是一个存储磁场能的元件，电感中的感应电动势总是反抗流过电感中电流的变化，并且与电流变化的快慢成正比，电感与电源IC、放电电容、续流二极管等配合起来工作才能稳压供电。电感升压的基本原理如图10-1所示。

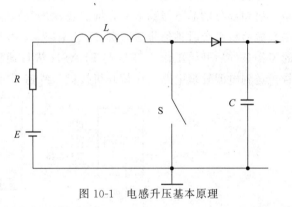

图10-1　电感升压基本原理

当开关S闭合时，有一电流流过电感L，这时电感中便储存了磁场能，但并没有产生感应电动势，当开关突然断开时，由于电流从某一值突然跳变为零，电流的变化率很大，电感中便产生一个较强的感应电动势，虽然持续时间较短，但电压峰值很大，可以是直流电压的几十倍、几百倍，也称为脉冲电压。如开关S是电子开关，用一个方波信号开控制开关不断的动作，产生的感应电动势便是一个连续的脉冲电压，再经整流滤波电路即可实现升压。

（2）振荡升压

振荡升压是利用一个振荡集成块外配振荡阻抗元件实现的。振荡集成块又称为升压IC，一般有8个引脚。内部可以是间歇振荡器，外配振荡电容产生振动；也可以是两级门电路，外配阻容元件构成正反馈而产生振动。阻容元件能改变振荡频率，所以又称为定时元件，振荡电路一般产生方波电压，此时再经整流滤波形成直流电压。

5. 机内充电电路

机内充电电路又称为待机充电电路。手机内的充电电路是利用外部B+为内部B+充电，同时为整机供电，如图10-2所示。

充电电路可以是集成电路，也可以是分立元件电路。其中，充电数据是CPU发出的，可以由用户事先设定。充电检测是检测内部B+是否充满，可以检测充电电流，也可以检测充电电压；二极管用来隔离内部B+与充电电路的联系，防止内部B+向充电电路倒灌电流。

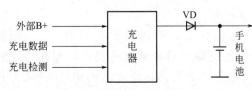

图10-2　机内充电电路基本组成

6. 非受控电源输出电路

手机中的很多电压是不受控的，即只要按下开机键就有输出，这部分电压大部分供给逻辑电路，基准时钟电路，以使逻辑电路具备工作条件，维持手机的开机状态。

7. 受控电源输出电路

手机中除去非受控电压外，还输出受控电压，也就是说，电源输出的电压是受控的，这部分电压大部分供给手机射频电路中的压控振荡器、功放、发射 VCO 等电路。手机为什么要输出受控电压呢？主要有两个原因：一是这个电压不能在不需要的时候出现；二是为了省电，使这部分电压不需要时不输出。

二、手机开机的基本工作过程与条件

1. 手机的开机过程

手机的开机过程是：按下电源开机按键以后，电源电路输出电压送到逻辑部分 CPU 电路、射频部分的晶体振荡电路，同时还输出复位信号到 CPU 电路。射频部分的晶体振荡电路起振后将系统时钟信号送入到 CPU 电路，CPU 在具备供电、复位、时钟、软件四个基本的工作条件后开始工作，CPU 与 FLASH 进行通信，执行开机指令，CPU 输出手机维持信号，送到电源管理电路，代替开机按键，维持手机正常工作。如图 10-3 所示。

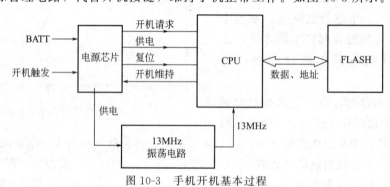

图 10-3　手机开机基本过程

2. 手机开机的条件

手机要正常开机，需具备以下四个条件：电源（供电正常）、时钟、复位、软件。

（1）电源 IC 工作正常

① 电源 IC 供电正常。电源 IC 要正常工作，需有工作电压，即电池电压或外接电源电压。

② 有开机触发信号。在按下开机键时，开机触发信号就有了电平的变化，此信号会被送到电源 IC 上。

③ 电源 IC 工作正常。电源 IC 内一般集成有多组受控或非受控稳压电路，当有开机触发信号时，电源 IC 的稳压输出端应有电压输出。

④ 有开机维持信号。开机维持信号来自 CPU，电源 IC 只有得到维持信号后才能输出持续的电压，否则，手机将能不能持续开机。

（2）有正常的复位信号

CPU 刚供上电源时，其内部各寄存器处于随机状态，不能正常运行程序，因此，CPU 必需有复位信号进行复位。手机中的 CPU 的复位端一般是低电平复位，即在一定时钟周期后使 CPU 内部各种寄存器清零，而后此处电压再升为高电平，从而使 CPU 从头开始运行。

（3）逻辑电路工作正常

逻辑电路主要包括 CPU、FLASH、电源电路。当 CPU 具备电源、时钟和复位三个条件后，通过片选信号与 FLASH 联系，然后通过数据总线与地址总线相互传送数据。

（4）软件运行正常

软件是 CPU 控制手机开机与各种功能的程序。开机的程序与设置存放在 FLASH 内，有些手机软件资料可以向下兼容，所以这些手机可以改版和升级；有些手机由于软件加密，即使同型号手机的软件都不兼容。因此，若软件出错或软件不对就可能造成手机不开机。当然，软件不正常还可能造成不入网、不显示、功能紊乱、死机等多种故障。

三、手机电池

1. 手机锂离子电池

手机电池主要为锂离子电池，是为手机提供能源的器件，手机电池损坏后会影响手机的工作，主要表现在以下几个方面。

（1）不开机

当手机电池电压低于 3.1V 时，手机就会出现不开机现象，故障的判断方法是：使用万用表测量手机电池的电压，如果电压低于 3.1V，说明电池已经没有电了，要及时进行充电。如果电池电压高于 3.1V，说明电池是好的，一般为手机主板故障。

（2）自动关机

引起手机自动关机的因素是多方面的，总的来说分为两类：手机主板故障和电池故障，电池引起手机自动关机的原因主要为电池触电接触不良、电池内阻变大。

针对电池触电接触不良的处理方法是：使用橡皮分别擦拭电池触点和主板触点；电池内阻大引起的自动关机主要表现为在拨打电话或通话过程中出现，处理方法是更换电池。

2. 手机纽扣电池

手机纽扣电池主要为手机的实时时钟电路供电，手机纽扣电池由手机锂离子电池进行充电，手机纽扣电池损坏后主要故障表现为时间不走或取下手机电池后时间归零。

四、手机电池连接器

1. 电池连接器的外形特征

电池连接器可分为弹片式、闸刀式、顶针式。电池连接器的技术趋势主要为小型化、低接触阻抗和高连接可靠性。电池连接器如图 10-4 所示。

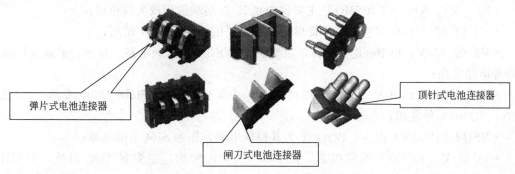

弹片式电池连接器

顶针式电池连接器

闸刀式电池连接器

图 10-4 手机中的电池连接器

2. 电池连接器的功能

手机连接器的触点数量一般有 3～5 个，每个触点有不同的功能，下面分别进行介绍。

(1) 电池正极连接点

电池正极连接点是连接手机电池正极与电路正极供电的，所有的手机都有电池正极连接点，有些手机会有两个电池正极连接点，这样做是为了减小接触电阻。

(2) 电池负极连接点

电池负极连接点是连接手机电池负极与电路负极的，所有手机都有电池负极连接点，有些手机会有两个电池负极连接点。

(3) 热敏电阻连接点

热敏电阻是手机电池上最常用的，对于镍氢电池几乎不可少，因为镍氢电池在充满后继续充电温度会迅速升高，因此可以用来判断电池充满及在温度过高时停止对电池充电。典型的有摩托罗拉的各款手机，如 CD928、V66 等，现在这样的电池已经很少了。

(4) 识别电阻连接点

一些手机为了区别锂离子电池和镍氢电池，或者厚电池和薄电池，会接一个识别电阻，用来判断电池类型，典型的有三星的各款手机。

(5) 电池信息存储器连接点

一些手机电池内部带有存储器芯片，用来存储电池的参数，如制造厂商、流水号、生产日期、电压、容量等。典型的有摩托罗拉的多款手机，如 A1200 等。

3. 电池连接器故障分析

电池连接器出现故障后，一般表现为手机自动关机、电池无法充电等故障。如果电池连接器出现变形应进行更换，如果电池连接器上面有氧化物可以用橡皮擦拭，尽量不要用镊子或者手术刀刮，否则可能刮掉镀层。

任务二　手机电源电路原理图

一、直流稳压供电电路

直流稳压供电电路主要由 U900 电源 IC 等外围电路构成，由 B＋送入的电池电压在 U900 内经变换产要求生多组不同的稳压电压，分别供不同的部分使用。其电路原理如图 10-5 所示。

其中：

• RF_V1、RF_V2 和 VREF 主要供中频 IC 及前端混频放大器使用；

• V1 (1.875V) 由 V_BUCK 提供电源，主要供 Flash U701 使用；

• V2 (2.775V) 由 B＋提供电源，主要供 U700CPU、音频电路、显示、键盘及红绿指示灯等电路使用；

• V3 (1.875V) 由 V_BUCK 提供电源，主要供 U700、Flash U701 及两个 SRAM (U702、U703) 等使用；

• VSIM (3V/5V) 由 V_BOOST 为其提供电源，作为 SIM 卡的电源；

• 5V 由 V_BOOST 提供电源，由 DSC_PWR 输出，主要供 DSC 总线、13MHz、800MHz 二本振和 VCO 电路使用；

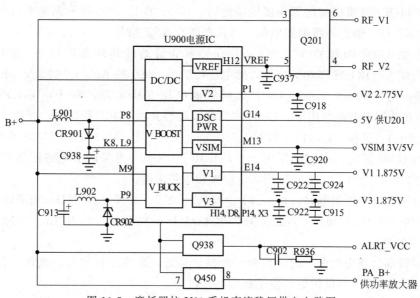

图 10-5 摩托罗拉 V60 手机直流稳压供电电路图

- PA_B+（3.6V）供功放电路使用；
- ALRT_VCC 为背景灯、彩灯、键盘灯及振铃、振子供电。

二、开机过程

开机过程电路原理如图 10-6 所示。

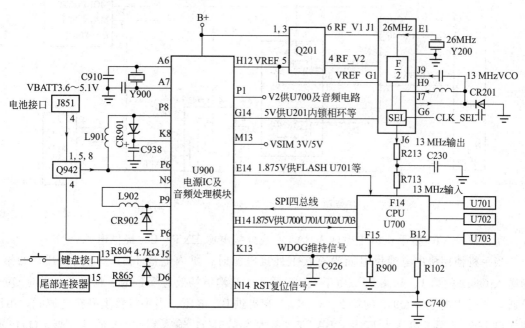

图 10-6 摩托罗拉 V60 手机开机过程电路原理图

① 手机加上电源后，由 Q942 送 B+电压给 U900，并供给 J5、D6 脚，准备触发高电平。此触发高电平变低时，U900 被触发工作，输出各路供电电压。

133

② 当手机按下开机键或尾部连接器接地后，U900 的 J5、D6 脚的高电平被拉低，相当于触发 U900 工作，输出各路射频电源、逻辑电源及 RST 信号。

③ 首先由 U900 内部的 V_BOOST 开关调节器通过其外部连接的 L901、CR901、C938 共同产生 V_BOOST5.6V 电压，此电压再送回 U900 的 K8、L9 脚。V_BUCK 也是开关调节器，与 CR902、L902、C913 共同组成电压变换电路。在 V_BOOST 和 V_BUCK 两个开关调节器的作用下，U900 内部稳压电路分别产生多路供电，其中 V3（1.8V）供 CPU（U700）、闪存（U701）、暂存（U703），同时 V1（5V）也向 U701 供电，VREF（2.75V）向 U201 供电。在 VREF 和 B+ 的作用下，U201 内部调节电路控制 Q201，产生 RF_V1、RF_V2 供 U201 本身使用，也向射频电路供电。

④ 当射频部分获得供电时，由 U201 中频 IC 和 Y200 晶振（26MHz）组成的 26MHz 振荡器工作产生 26MHz 的频率，经过分频产生 13MHz 的频率后，经 R213、R713 送到 CPU U700 作为主时钟。

⑤ 当逻辑部分获得供电、时钟信号、复位信号后，开始运行软件，软件运行通过后送维持信号给 U900 维持整机供电，使手机维持开机。

三、电源转换及 B+ 产生电路

电源转换电路主要由 Q945 和 Q942 组成，作用是设置机内电池和手机底部接口的外接电源 EXT_BATT 的使用状态，由电源转换电路确定供电的路径，当机内电池和外接电源同时存在时，外接电源供电路径优先，其电路原理如图 10-7 所示。

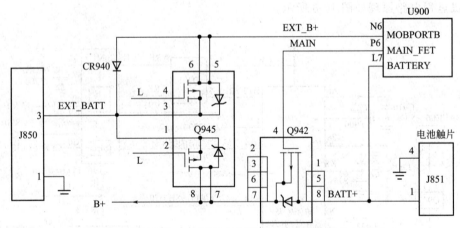

图 10-7 摩托罗拉 V60 手机电源转换及 B+ 产生电路原理图

摩托罗拉 V60 型手机由主电池 VBATT 或外接电源 EXT_B+ 提供电源。

当手机使用机内电池供电而没有接上外接电源时，机内电池 J851（电池触片）的第 1 脚送入 Q942 的第 1、5、8 脚。由于 Q942 是一个 P 沟道场效应管，第 4 脚为低电平时 Q942 导通，此时主电池给 Q942 的第 2、3、6、7 脚提供 B+ 电压。当手机接上外接电源时，由底部接口 J850 的第 3 脚送入 EXT_BATT（最大为 6.5V），输入到 Q945 的第 3 脚。Q945 是由两个 P 沟道的场效应管组成的，正常工作时，Q945 的第 4 脚为低电平，Q945 的第 3 脚即与第 5、6 脚导通产生 EXT_B+，并经过 CR940 送回 Q945 的第 1 脚。由于第 2 脚为低电平，所以 Q945 的第 1 脚便通过第 7、8 脚向手机提供 B+ 电压，同时，EXT_B+ 也供到

U900 电源 IC，并通过 U900 置 Q942 的第 4 脚为高电平，使 Q942 截止，从而切断主电池向手机供电的路径。

四、充电电路

摩托罗拉 V60 手机的充电电路主要由 Q932、U900 和 Q945 等组成。其电路原理如图 10-8 所示。

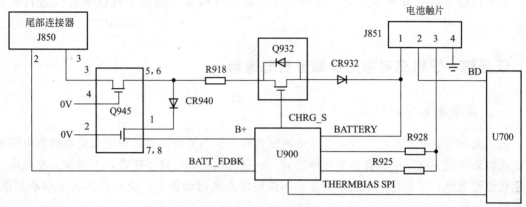

图 10-8　摩托罗拉 V60 手机充电电路原理图

当插入充电器后，尾部连接器 J850 由第 3 脚将 EXT＿BATT 送到 Q945，从 Q945 经过充电限流电阻 R918 送到充电电子开关管 Q932，当手机判别为充电器后，U700 通过 SPI 总线向 U900 发出充电指令，使 Q932 导通，并通过 CR932 向电池充电。此充电电压经 BAT-TERY 被采样回 U900 内部，由 U900 判别充电电压后从 BATT＿FDBK 脚向充电器发出指令，使充电器 EX371＿B+ 的电压始终比 BATTERY 的电压高 1.4V。

电池第 2 脚接 U700，用来识别电池的类型。

电池第 3 脚通过 R925 和热敏电阻 R928 分压后，提供 U900，并通过 SPI 总线由 CPU 完成对电池温度的检测。

任务三　手机供电电路故障分析与维修

手机的供电方式，常见的有稳压管供电、电源 IC 供电以及两者并用三种。

一、稳压管供电

首先找稳压管的输入，一般由 VBATT 输出的较多，其次找稳压管的控制脚，其中有一个稳压管的控制脚是和 ON/OFF 开关键相连的，当按下开关键，稳压管工作输出一个电压，这个稳压管的输出一般作为其他稳压管的控制电压，从而使整个供电系统开始工作。

二、电源 IC 供电

VBATT 送入电源 IC 后，电源 IC 建立一条高电平的开机线，开机线与开机键相连，开机键的另一端接地，当按下开机键后，开机线成为低电平，电源 IC 被激发工作，输出几路供电。

电源 IC 相当于一个供电局，它把来自手机电池的电压进行加工后分别按各元器件的需要提供出合适而稳定的供电电压。

三、电源 IC 和稳压管并用

一般以电源 IC 作为逻辑供电电源，待逻辑部分启动后再根据需要来驱动稳压管输出射频电路供电。

手机供电常见故障有不开机、电流大等，检测可根据上述的手机供电方式进行跟踪测量。

任务四 手机充电电路故障分析与维修

一、显示充电字符但不充电

插入充电器后显示充电字符，并且电池框内有一格电池在闪动，说明充电器检测电路正常，此时若不能充电，一般有以下几种原因：一是充电驱动电路不正常，不能输出充电电流为手机电池充电；二是逻辑电路不正常，不能输出充电启动信号，使充电驱动电路不工作；三是软件故障。

二、不显示充电字符也不充电

不显示充电字符也不充电说明手机充电器检测电路有故障，由于手机不能检测出充电座已插入，当然不能充电。

三、未插入充电器显示充电字符

未插入充电器显示充电字符，这种故障一般也出现在充电器检测电路。主要原因是充电座的充电端在未插入充电器时就为高电平，使手机误认为充电器已插入。

四、充电片刻即显示充电已满

充电片刻即显示充电已满，这种故障一般有两种原因：一是电池电量检测电路不正常；二是软件故障。

任务五 手机电源电路故障维修实训

一、实训目的

① 掌握手机电源电路工作原理的分析方法；
② 熟悉常见手机电源电路的英文缩写；
③ 掌握手机电源电路原理图的识图技巧，能查阅相关资料辨别各 IC 的功能；
④ 掌握手机电源电路的检测方法和维修方法；
⑤ 提高对手机电源电路的认识；
⑥ 提高对手机电源电路元器件的认识。

二、实训器材与实训环境

① 手机电源电路原理图，具体识图内容由指导教师根据实际情况确定；
② 电源电路故障机若干，备用旧手机板、常见手机元器件及盛放容器若干；
③ 手机维修专用直流稳压电源一台、电源转换接口一套；
④ 万用表一块、示波器一台、频率计一台；
⑤ 电脑及相应的适配器、各类软件维修仪及相应的数据线等；
⑥ 常用维修工具一套；
⑦ 建立一个良好的工作环境。

三、实训内容

① 准备手机电源电路原理图；
② 根据识图方法和电路识别方法，分析手机电源电路的原理；
③ 运用常见手机电路的英文缩写知识，读懂手机电源电路的原理，画出相关电路图；
④ 请指导教师根据实验室的条件选择合适机型，指导学生对手机电源电路故障进行检测、分析和处理练习。

四、实训报告

根据实训内容，完成手机电源电路原理图识图及手机电源电路故障维修的实训报告。

参考文献

[1] 董兵．手机检测与维修．北京：北京邮电大学出版社，2010.

[2] 韩雪涛．智能手机维修就这几招．北京：人民邮电出版社，2013.

[3] 侯海亭．智能手机维修从入门到精通．北京：清华大学出版社，2014.

[4] 陈子聪．手机原理与维修实训．北京：人民邮电出版社，2011.

[5] 侯海亭．手机原理与故障维修．北京：清华大学出版社，2012.

[6] 刘勇．手机原理与维修．北京：机械工业出版社，2012.

[7] 陈学平．手机故障维修技巧与实例．北京：电子工业出版社，2012.